LA
CHAMBRE NOIRE

ET

LE MICROSCOPE

PHOTOMICROGRAPHIE
PRATIQUE

PAR

JULES GIRARD

DEUXIÈME ÉDITION

REVUE ET CONSIDÉRABLEMENT AUGMENTÉE

Avec 80 figures

PARIS

F. SAVY, LIBRAIRE-ÉDITEUR

24, RUE HAUTEFEUILLE, 24

1870

LA

CHAMBRE NOIRE

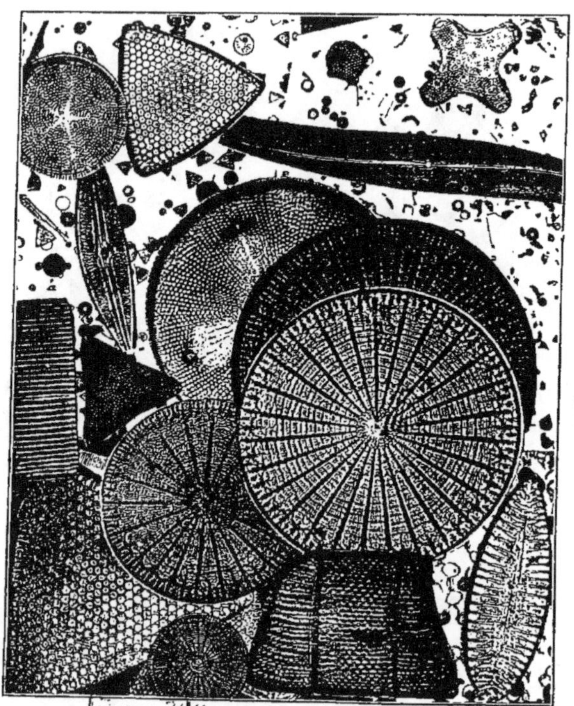

DIATOMÉES GROUPÉES

LA
CHAMBRE NOIRE

ET

LE MICROSCOPE

PHOTOMICROGRAPHIE
PRATIQUE

PAR

JULES GIRARD

DEUXIÈME ÉDITION

REVUE ET CONSIDÉRABLEMENT AUGMENTÉE

Avec 80 figures

PARIS

F. SAVY, LIBRAIRE-ÉDITEUR

24, RUE HAUTEFEUILLE, 24

1870

AVANT-PROPOS

La seconde édition de *la Chambre noire et le microscope* embrasse, dans une ample acception, les éléments qui ont rapport aux deux sciences, représentés par les deux instruments caractéristiques de chacune d'elles. Nous y avons entrepris une révision complète de la première édition ; tout en conservant le plan d'ensemble primitif, des additions nouvelles ont été faites, afin d'offrir une plus grande étendue en signalant les points principaux dignes d'attention.

Nous nous sommes spécialement attachés aux notions qui ont directement rapport au sujet proprement dit ; sans empiéter sur les connaissances primordiales dont est dérivée la photomicrographie, nous avons indiqué seulement les endroits les plus fréquents de leurs points de contact. Pénétrer davantage dans les détails qui sont du ressort des sciences auxiliaires ou principales nous eût entraîné trop loin. On peut consulter à cet égard les nombreux traités spéciaux. Le cadre dans lequel nous nous sommes circonscrits comprend uniquement ce qui fait partie intégrante des notions nécessaires pour obtenir la photographie des sujets microscopiques.

J. G.

LA

CHAMBRE NOIRE

ET LE MICROSCOPE

PHOTOMICROGRAPHIE PRATIQUE

PRÉLIMINAIRES

INTRODUCTION

Comment pénètre-t-on mieux dans les secrets du monde merveilleux des infiniment petits, qu'en montrant une exacte représentation de leurs formes? le microscope ne la donne que d'une manière fugitive, il ne la forme qu'optiquement, elle n'existe pas en substance, tandis que la photographie la fixe; elle est appelée à donner de l'extension aux connaissances qui n'étaient que le privilége du possesseur de l'instrument. La photographie a réalisé de nombreux progrès dans l'investigation des sciences expérimentales, pour lesquelles elle offre une précieuse authenticité, dans la constatation des divers phénomènes qui ont lieu dans la nature. Cet art fascinateur, combiné avec le plus attrayant des instruments d'optique, à qui on est redevable de nombreuses découvertes, peut rendre des services signalés par l'exactitude de ses résultats aux travaux généraux d'histoire naturelle et à la chimie organique. La photomicrographie est une méthode iconographique, une science coadjutrice et complémentaire des travaux qui se rattachent au microscope, et pouvant être d'une grande ressource dans l'enseignement. Un artiste arrive certainement à dessiner avec précision les objets situés dans le champ de l'instrument, soit directement, par interprétation, soit plus mathématiquement, avec la chambre claire ; mais par l'un comme par l'autre de ces moyens, malgré toute l'habileté qu'il apportera, et la conscience de la traduction, il lui sera difficile de donner un détail de sujet miscroscopique, comme la lumière dont la vérité est irréfutable et même parfois brutale dans son inexorable expression ; elle facilite l'élucidation des erreurs et des suppositions, qui se produisent dans les figures hypothétiques, sans dénaturer les merveilles de délicatesse des charmantes conceptions de la nature.

Si la photographie remplace avantageusement le dessin, il n'est pas pour cela à dédaigner ; au contraire, il est conjointement indispensable à celui qui se livre sérieusement aux études micrographiques ; il lui apprend à travailler d'une manière réellement utile, en voyant juste ; aussi ne peut-il y être étranger, car une figure quelconque, une simple esquisse même, est incomparablement plus explicite que la meilleure description, fût-elle écrite didactiquement. Ensuite la combinaison optique des objectifs se refuse à la représentation de plusieurs plans à la fois, et certains sujets sont d'une nature tout à fait antipa-

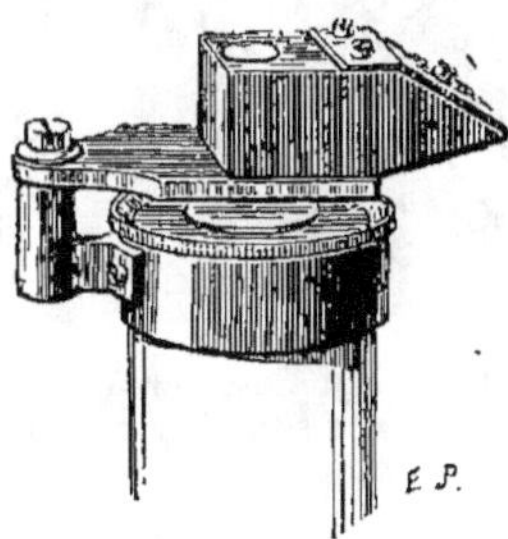

Fig. 1. — Chambre claire pour dessiner sur la table les objets contenus dans le champ du microscope.

thique à la photographie. C'est alors que la chambre claire remplace la chambre noire ; elle a été très-utile, et elle le sera encore à cause de sa simplicité, et de l'indépendance qu'elle laisse, dans la faculté aussi de transporter sur papier sa propre observation, avec une grande expression de vérité. Comme le dessin n'est pas le privilége de tout le monde, la photographie le remplace, et lui vient aussi en aide en préparant la masse du croquis, ou en permettant de faire traduire pour la publicité des observations que le dessinateur n'a plus qu'à copier.

Fig. 2. — Disposition pour dessiner à la chambre claire avec le microscope situé horizontalement.

Émanant directement de l'application du microscope solaire, l'art de fixer chimiquement les sujets microscopiques, remonte aux premiers temps de l'admirable invention de Daguerre ; uniquement scientifique, elle ne s'est pas autant propagée que la photographie pittoresque, quoique l'on comprît le parti que l'on pouvait en tirer. Tout en étant aussi intéressante, puisqu'elle montre des images de choses peu ou point connues, elle est restée en arrière, parce qu'elle semble ingrate au début, et n'a été pratiquée que par quelques rares expérimentateurs. Ensuite son cercle d'action est limité ; elle est considérée avec indifférence puisqu'elle n'est pas arrivée à se poser dans le domaine professionnel ; matériellement, elle n'est aucunement rémunératrice ; elle exige des instruments dispendieux, et beaucoup de temps à lui consacrer. L'alliance de deux sciences intéressantes peut devenir une branche attrayante de travail, pour les nombreux amateurs photographes.

Il n'est pas seulement réservé un bel avenir à la photomicrographie pour l'étude des sciences naturelles, mais on y possède encore un élément de constatation certaine pour les applications industrielles, telle que l'examen comparatif des matières textiles, celui des tissus, des produits alimentaires, et de beaucoup d'autres qu'on ne soupçonne pas ; elle met en évidence les falsifications dont elle porte témoignage indiscutable.

Dans les cours où il est nécessaire, pour faciliter l'intelligence d'une description, d'avoir une fidèle représentation du sujet, elle est incontestablement utile ; les projections à la lanterne, ou de simples épreuves, permettent de donner des solutions d'un problème d'histoire naturelle, d'une façon compréhensible pour tous.

Il se présente une multitude d'obstacles, d'autant plus saillants que l'on opère avec des amplifications prononcées ; les plus petites imperfections se traduisent irrévocablement avec une monstruosité désespérante. Cette science composée demande de la part de celui qui s'y livre des connaissances étendues sur la micrographie, comme sur la photographie, et aussi d'être encyclopédiste dans sa partie. En conséquence, l'opérateur ne doit l'entreprendre qu'avec l'attention bien arrêtée d'y apporter le soin plus minutieux, une patience à toute épreuve, une persévérance soutenue, et beaucoup d'ordre intellectuel et matériel. Si elle exige beaucoup, elle est d'autre part amplement compensatrice : les amis des sciences qui éprouveront dès le début du dégoût, suite naturelle des constants désappointements et des insuccès inévitables, seront ensuite rapidement dédommagés du labeur inconstant des premiers travaux, par la séduisante réussite qui couronnera leur assiduité.

Ceux qui s'y livrent n'ont souvent pour but que de former de jolis albums d'épreuves intéressantes et agréables à l'œil, qui figureront avantageusement dans une exposition, ou plus modestement sur une table de salon ; ils seront feuilletés probablement

avec curiosité ; ils instruiront et amuseront ceux qui
les regarderont, leur inculquant le goût pour la

Fig. 3. — Dessin à la chambre claire.

Spécimen de sondages exécutés dans les environs de la rade de Hong-
Kong (Chine). — (Communiqués par M. de Folin, officier de marine.)

science. Mais tel n'est pas réellement le point vers
lequel on doit se diriger : c'est de s'en faire un auxi-

1.

liaire puissant et pratique dans les études comparatives, qui sont entreprises avec un esprit plus sérieux, et avec continuité dans un même ordre d'idées. Chercher et comparer, c'est la ligne de conduite que doit suivre celui qui s'adonne aux travaux micrographiques.

Fig. 4. — Dessin à la chambre claire.
Zoophyte (avec polypes, *Zoteirea religata.*

Cependant il n'est pas à poser en principe absolu, que la photographie soit apte à donner indistinctement une solution de tous les sujets ; pour un grand nombre, leur nature, leur forme, sont impropres à donner une bonne épreuve ; mieux vaut alors un dessin soigné qu'une photographie inintelligible qui dénature les délicats représentants du monde microscopique, au point de les rendre méconnaissables. Il ne faut lui demander que ce qu'elle est dans la possibilité de produire.

La *photomicrographie* est souvent confondue avec la photographie microscopique, dont elle est le contraire. La première consiste à agrandir les objets, tandis que la seconde diminue les images de grandeur naturelle, pour ensuite les montrer avec une combinaison optique amplifiante. Le substantif composé, qui exprime à lui seul toute l'acception d'une science, la désigne d'une manière plus compréhensible, et évite la confusion que l'on fait vulgairement et inintelligemment.

Nous profiterons de nos devanciers pour formuler des notions pratiques, dégagées autant que possible de considérations purement techniques ; d'autre part, afin de les mettre à la portée de tout le monde, nous tracerons les méthodes suivant lesquelles nous avons opéré pendant six années consécutives de travail ; on n'oubliera pas pourtant que l'opérateur, après avoir consulté l'expérience d'autrui, a besoin de recourir à sa propre initiative, pour acquérir l'habitude des manupulations suivant ses aptitudes personnelles ; car chacun se fait un ordre de travail, variable autant qu'il existe de genres de travaux.

Il est nécessaire de se pénétrer de l'esprit de simplification pour parvenir plus rapidement aux progrès; car, en micrographie, on est souvent porté à admettre de nombreuses combinaisons d'accessoires très-ingénieux, mais qui compliquent le travail, en substituant l'action mécanique à la dextérité manuelle.

HISTORIQUE

Dès que l'on sut fixer les images, on pensa à l'application possible à la micrographie; la première qui eut en France un certain retentissement remonte à 1840, époque à laquelle la photographie sur plaque était à l'état naissant. M. Donné présentait à l'Académie des sciences des épreuves au daguerréotype; en même temps, en Angleterre, l'éminent photographe Talbot, puis M. Dancer employaient le microscope à gaz, et le miscroscope solaire pour produire des images sur papier et aussi sur verre. Si les débuts avaient été faits en France, il était réservé à cette science le sort des innovations en majeure partie, dont le principe élémentaire part de notre pays pour aller se perfectionner en Angleterre. En 1841, et pendant les années qui suivent, M. Richard Hodgson, le Rev. Read, M. Kingsley, s'occupèrent activement de cette nouveauté. M. Donné reprit ses travaux en 1845, et s'adjoignit la collaboration de M. Foucault, pour publier le bel atlas d'anatomie microscopique dont les gravures à l'eau-forte avaient été exécutées sur cuivre même, d'après les images reproduites directement sur le métal. Vers 1850 et 1852, M. H. Diamond, M. Archer, M. Delves, puis M. Highley, présentèrent à différentes reprises de remarquables épreuves à la Société royale de micrographie de Londres. M. Wenham, à qui l'on doit de nombreux perfectionnements instrumentaux, fit aussi des études photographiques avec succès. Citons, en Allemagne, comme y ayant, à la même époque, pris une part importante : M. N. Mayer à Francfort, M. Albert à Munich, MM. Hesseling et Kallmann. Ensuite en 1862, M. Gerlach, d'Erlangen, publia un album qui était l'œuvre d'un habile praticien ; à Mayence, en 1865, la photomicrographie était représentée par M. Helwig. Elle fut reprise, à Paris, de 1857 à 1862, par M. Nachet, fabricant d'instruments de micrographie, et ensuite par M. Bertsch, inventeur d'un microscope solaire avec polarisation chromatique, construit par M. Hartnack, avec lequel il obtint de belles épreuves de diatomées. Aux États-Unis d'Amérique, M. Dean, de Boston (1864) l'appliqua aux recherches d'anatomie médicale ; ensuite M. Draper s'en servit pour faire exécuter avec exactitude des gravures dans un ouvrage. Mais M. le docteur lieutenant-colonel Woodward, assisté du docteur Curtis, est celui qui dans le

Nouveau-Monde éleva cette science au superlatif, par ses remarquables expérimentations au Medical Army Museum ; il s'est appliqué spécialement aux forts grossissements. Nous pouvons encore citer, en France, les études médicales faites par M. le docteur Duchenne (de Boulogne), par M. Rouget (de Montpellier). En 1866, M. Moitessier publia le premier traité spécial de *Photographie appliquée aux recherches micrographiques*, accompagné d'épreuves aux sels d'argent. Il fut suivi en 1868 de l'ouvrage allemand du docteur Reichard, qui paraît avoir la vulgarisation pour but principal. A l'Exposition universelle de 1867, à Paris, la photomicrographie était représentée par M. Neyt (de Gand) qui opérait suivant la méthode de M. Bertsch, et par M. Lackerbauer, dont on a remarqué les épreuves agrandies. Un de ceux qui s'y consacra avec le plus de persévérance en Angleterre fut M. le docteur Maddox, qui, avec une pratique de longues années, s'est acquis une réputation justement méritée par les progrès qu'il réalisa ; ses procédés ont été consignés dans « S. Beale's *How to work with the microscope*, » dont il orna la troisième édition d'un beau frontispice. Mentionnons encore comme contemporains ayant fourni leur part de travail : M. le comte Castracane, qui s'est particulièrement adonné à la reproduction des diatomées ; M. Donnadieu, à Cluny, M. Guinard, à Montpellier, M. de Lisleferme et M. de Brébisson, le célèbre diatomiste. Cette courte nomenclature ne peut pas comprendre divers travailleurs obscurs de la micrographie, et d'ardents expérimentateurs se révélant de temps en temps, qui, sous la dénomination modeste d'amateurs, ne concourent pas moins à développer le goût de cette science, et même à contribuer à ses progrès ; ceux qui sont passés sous silence ont également droit à une place marquée, quoique l'on soit souvent enclin à établir une division trop tranchée entre ceux qui se livrent professionnellement aux sciences et ceux qui, épris de leurs sublimités, les étudient uniquement par goût.

LOCAL ET INSTALLATION

Le local destiné aux différentes opérations doit être choisi selon l'emplacement dont on a la libre disposition, et en concordance avec les travaux qui sont à exécuter ; il sera naturellement moindre pour l'étudiant simple expérimentateur, que quand on a l'intention de se livrer à des recherches importantes et suivies. Il est difficile de formuler une règle à cet égard ; c'est à chacun à pourvoir à ses propres besoins dans les termes qu'il comprend. En se renfermant dans le strict nécessaire, il est aisé de s'organiser à peu de frais.

Il faut au besoin pourvoir soi-même à son installation, savoir travailler manuellement, manier les outils de l'ouvrier, pour établir ce qui sert à ses propres expériences, car on rend ainsi beaucoup mieux sa pensée, telle qu'on l'a conçue ; les outils servent à la traduction des besoins matériels, comme la plume traduit le travail intellectuel. La plupart des savants qui ont fait des expériences célèbres ont été les fabricants de leurs instruments : Tyndall, Amici, Foucault, Donati, etc.

Quoiqu'il soit avantageux de pouvoir disposer librement d'un local vaste et commode, on n'a nullement besoin d'un atelier spécial comme pour la photographie ordinaire. On n'a pas à rechercher une combinaison spéciale d'éclairage, dans l'intention de ménager des effets de modelé sur un relief : il suffit d'un endroit visité, pendant une partie notable de la journée, par un rayon de soleil. On peut simplement s'installer devant une fenêtre d'appartement exposée en plein midi, sur une terrasse ou une place extérieure quelconque, dans le plus petit endroit situé à cette exposition ; il est peu de personnes qui n'aient pas à leur disposition un emplacement où parvienne un rayon de soleil. Comme il est urgent que les rayons lumineux aient un angle d'incidence direct sur l'appareil réflecteur, il est inadmissible qu'ils passent préalablement à travers les vitres d'une fenêtre, qui les affaibliraient et les intervertiraient. De plus, le défaut de propreté constitue une défectuosité très-forte dans la transmission. Si l'on travaille en plein air dans un jardin, les reflets verts du feuillage sont à éviter ; si c'est dans une cour, on veillera à la réfraction des murs blanchis.

Les minutieuses opérations de ce genre de travail réclament une parfaite stabilité environnante. La moindre vibration pendant la pose serait préjudiciable à la netteté de l'image ; une secousse, même inappréciable, serait nuisible. Aussi, dans les villes, on s'éloignera des rues où la circulation active des voitures sur le pavé cause une trépidation constante, ainsi que de tout sujet qui serait capable d'en fournir les moindres indices ; un pas lourd sur le plancher pendant l'exposition est à prévenir.

Le *laboratoire*, ou la pièce affectée spécialement aux manipulations chimiques de la photographie, rentre dans la catégorie générale ; il est agencé selon la localité et les convenances de chacun. Cette pièce, si l'exposition, l'espace le comportent, peut tout à la fois servir de laboratoire, de cabinet obscur pour la sensibilisation, en même temps qu'on adaptera à la fenêtre un microscope solaire photographique. Cette triple destination économise l'emplacement ; elle est basée sur l'admission réglée de la lumière, par les agencements qui sont apportés dans la disposition de la fenêtre. Si l'on installe l'appareil d'une manière mobile extérieurement, ou dans un local quelconque, il est nécessaire que ce soit dans le voisinage immédiat du laboratoire, pour ne pas perdre inutilement du temps dans le trajet sans cesse répété. A défaut de

Fig. 5. — Appareil photomicrographique monté dans un cabinet obscur servant de laboratoire.

laboratoire ou de cabinet obscur, on pourrait encore à la rigueur opérer avec la tente ou laboratoire en plein air pour la photographie en campagne, qui serait également applicable aux travaux pittoresques; ou bien encore se servir uniquement du procédé sec, en préparant les glaces le soir, pour s'en servir le jour suivant.

On se trouvera plus commodément au rez-de-chaus-
sée; le laboratoire doit être abondamment pourvu d'eau
pure, arrivant sur un large évier, où se font tous les
lavages; la partie principale de la pièce sera occupée

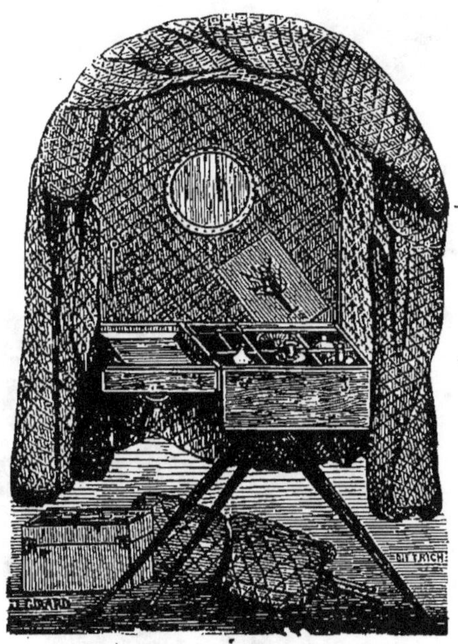

Fig. 6. — Laboratoire portatif pour le collodion humide en plein air.
(Au bas l'appareil fermé pour le transport.)

par une grande table destinée au travail manipula-
toire, pour lequel on la conservera toujours libre ; le
long des murs, des planches seront disposées pour
recevoir les flacons, la verrerie et les ustensiles de
toute nature ; un buffet contiendra les produits chimiques, les menus objets et accessoires ; des clous fixés

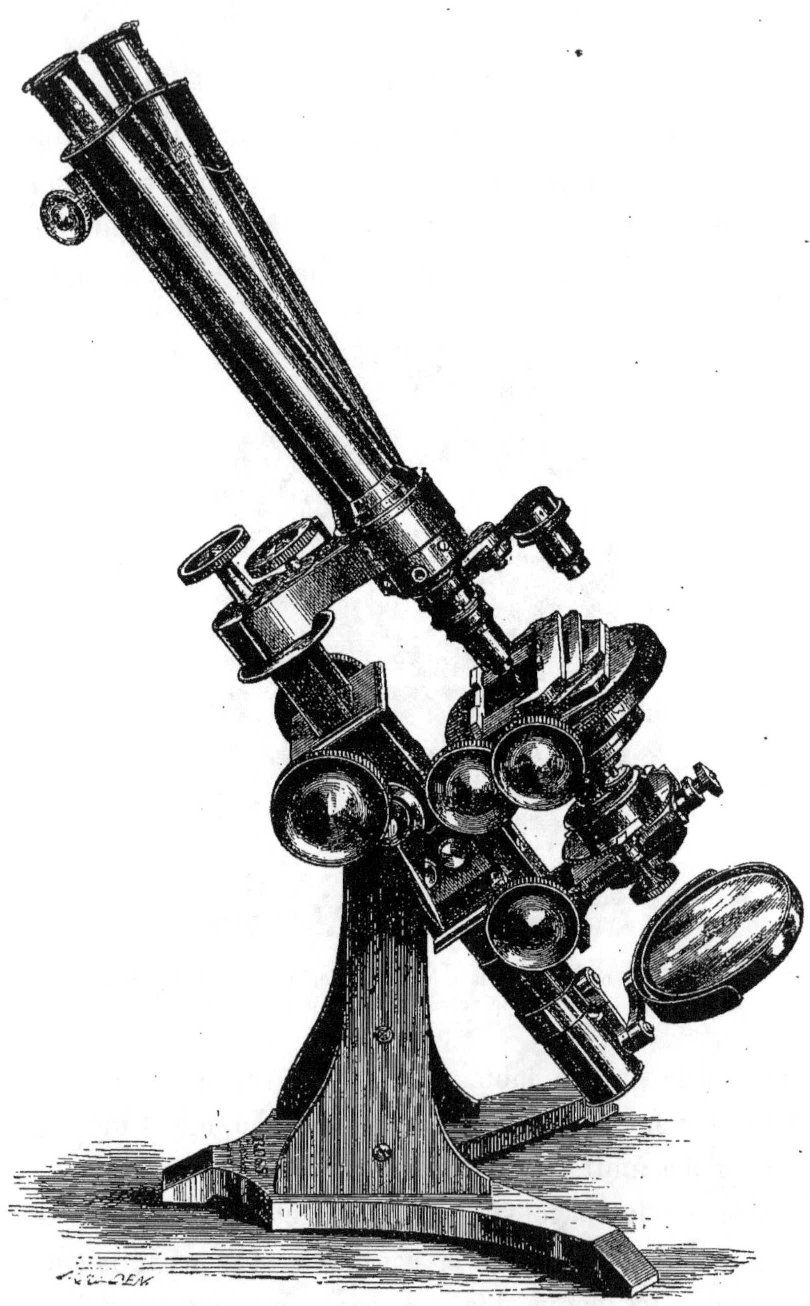

Fig. 7. — Grand modèle de microscope anglais de M. Thomas Ross.

aux murs dans les places disponibles serviront à placer
tout objet d'un usage direct. On évitera surtout l'en-
combrement en n'ayant rien d'inutile en service ; l'ordre et la propreté seront constamment l'objet de l'attention ; c'est un des points capitaux de la photographie qui contribue beaucoup à assurer la réussite ;
aussi il est utile d'y veiller directement. Quand même
il ne serait pas possible de satisfaire aux exigences
multiples que requiert tout laboratoire, avec une
bonne organisation, on arrivera à opérer à l'aise, en y
prenant ses habitudes.

CHOIX DU MICROSCOPE

Les instruments dont on a besoin étant du ressort
direct de la micrographie, d'une part, et de la photographie, de l'autre, on s'arrangera autant que possible
pour n'avoir pas d'instruments spéciaux uniquement
destinés à l'une ou à l'autre de ces sciences, mais qui,
au contraire, tout en étant employés en photomicrographie, pourront être utilisés dans leur entière acception pour toutes deux. Avec quelques modifications
très-sommaires, quelques accessoires insignifiants,
on transformera leur destination première, en leur
laissant la faculté de servir indistinctement. Avec le
microscope, auquel on aura restitué son oculaire, on

reprendra ses observations ; avec la chambre noire, à laquelle on remettra l'objectif, on pourra faire des portraits, on prendra des vues.

L'ensemble de l'appareil qui sert à reproduire des sujets microscopiques n'est qu'une modification de la chambre noire ordinaire, à laquelle est fixé l'objectif qui forme l'image ; on lui substitue un petit objectif à très-court foyer, qui, placé près du sujet préparé sur une lamelle de verre, reçoit la lumière réfléchie par dessus avec condensation directe.

Un instrument de qualité secondaire permet d'aborder la photographie d'une manière satisfaisante, mais, quand on fait des études d'une portée réellement scientifique, il est urgent d'en avoir un dont la partie optique soit très-soignée et le mécanisme perfectionné. Sans entrer dans une description complète, laissant de côté la partie optique, qui sera plus loin l'objet d'un examen spécial, considérons les principales conditions que l'instrument est appelé à remplir.

On aura un microscope suspendu sur axe, afin de pouvoir prendre toutes les positions entre l'horizontale et la verticale ; l'ajustement du foyer se fera d'abord par un mouvement rapide commandé par une crémaillère, et ensuite par un second mouvement lent à vis micrométique, installé de façon que, si les objectifs viennent à toucher le porte-objet, ils remontent sous l'effort de la résistance. Le tube à frottement mou, n'est pas suffisant pour mettre au point avec précision.

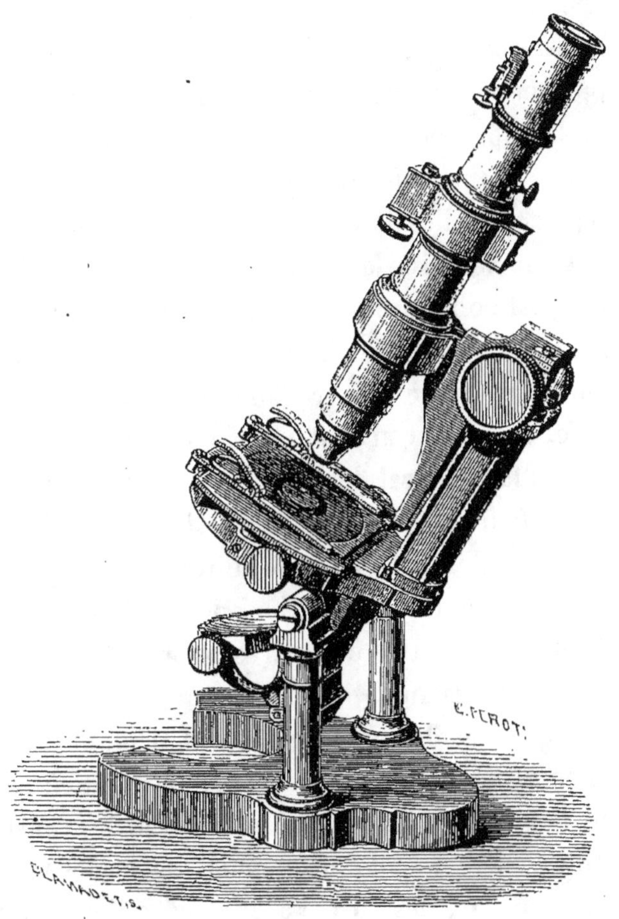

Fig. 8. — Microscope grand modèle perfectionné de M. Nachet.

La platine sera montée à rotation, de manière à pouvoir tourner dans tous les sens, par rapport à l'incidence de la lumière ; elle portera deux valets ou pinces à ressorts pour fixer les porte-objets ; la platine est souvent garnie d'une double platine à vis de rappel pour les déplacer mécaniquement ; c'est une complication encombrante, il vaut mieux s'habituer à mettre à la main sur une platine unie, les préparations à la place qu'elles doivent occuper, en posant les doigts à plat pour assurer la main, à la fois sur la platine et sur le porte-objet, communiquant à ce dernier un léger mouvement de translation latérale. L'éclairage sera formé d'un double miroir plan d'un côté et concave de l'autre, monté sur articulations pouvant se développer dans le plan vertical de l'axe de la vision, pour obtenir des effets de lumière oblique. Un système de coulisses verticales placé entre le miroir et la platine permettra, à l'aide d'un levier, de déplacer les diaphragmes, de mettre des verres colorés, le polariseur ou un condensateur.

Quoique tous les microscopes soient établis d'après les mêmes bases, ils diffèrent notablement entre eux selon le genre de la fabrication. Parmi les constructeurs, les uns tendent à les populariser en les rendant moins onéreux, les autres à en rendre l'emploi plus commode par d'heureuses dispositions de détail ; plusieurs enfin s'efforcent d'apporter de remarquables perfectionnements dans le mécanisme et la partie optique. Les instruments français, anglais et alle-

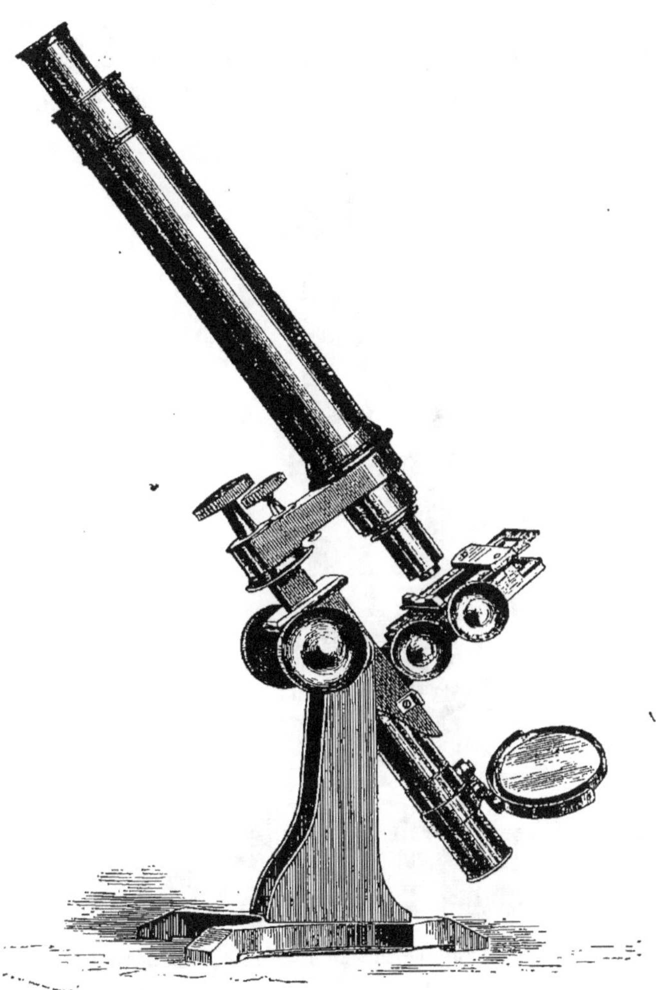

Fig. 9. — Moyen modèle du microscope de M. Thomas Ross,
dit microscope d'étudiant.

2

mands ont tous des qualités différentes. La fabrication anglaise est justement estimée, mais elle est caracté-

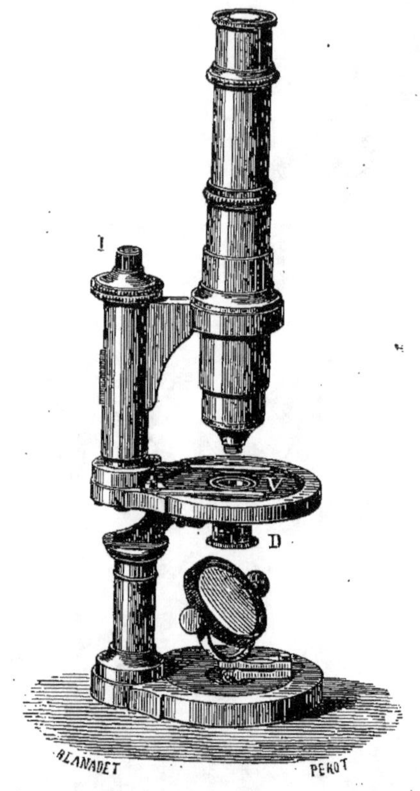

Fig. 10. — Microscope de M. Nachet (modèle moyen).

risée par la surabondance des accessoires, les pièces diverses variées à l'infini, et la complication mécanique; elle est luxueuse, d'un style particulier, et la partie optique est également soignée, mais cette somptuosité est dispendieuse. Les figures ci-jointes représentent les

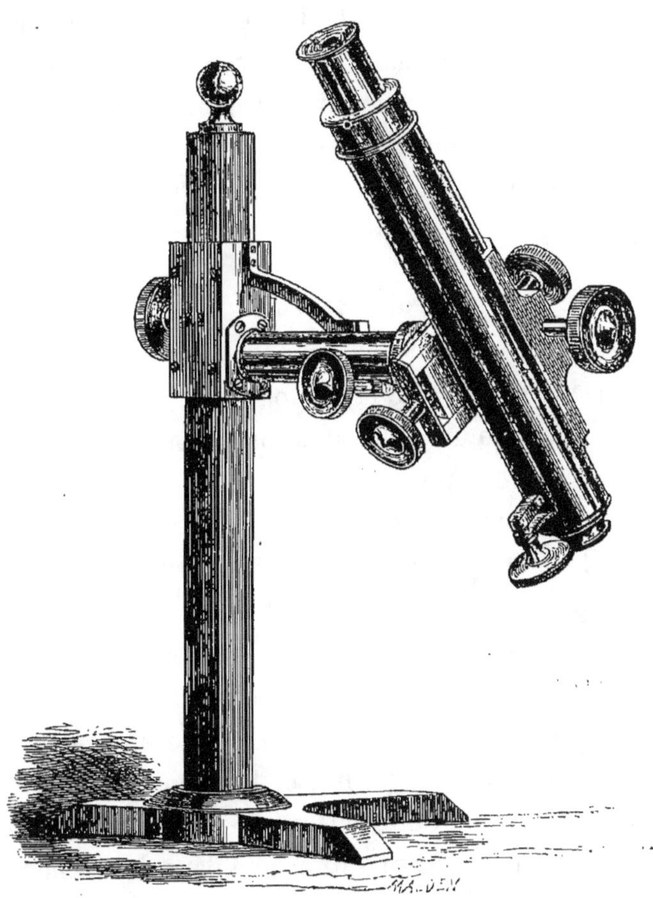

Fig. 11. — Microscope universel (modèle de M. Thomas Ross).

modèles de M. Thomas Ross renommés pour leur remarquable perfection. En France, les fabricants atteignent aussi haut degré de perfection, mais avec moins d'apparence extérieure ; ils les établissent plus particulièrement pour réunir dans un ensemble habilement combiné, sous une forme solide et moins coûteuse, des ressources aussi complètes, pour la plus grande facilité des observations.

OBJECTIFS

L'objectif est l'œil de la photographie ; c'est lui qui impressionne l'œuvre de la nature. Aussi il importe beaucoup d'avoir une combinaison optique qui soit apte à produire une image nette ; elle est encore plus essentielle dans le microscope que la partie mécanique qui établit des rapports entre les différents maniements de l'instrument. Quand on en fait usage conjointement avec l'oculaire, les défauts ne sont pas aussi appréciables que lorsqu'il donne une image réelle. A cause de leur petitesse, les objectifs microscopiques demandent une perfection relative, plus difficile à obtenir à la fabrication que dans des dimensions moyennes. C'est un travail d'une réussite souvent capricieuse, car il faut arriver à tailler et bien centrer des lentilles qui n'ont quelquefois qu'une fraction de millimètre de diamètre. De son côté, le micrographe doit faire en sorte de tirer tout le parti

possible pour obtenir une vision nette et avantageuse
du sujet, en employant les moyens qui permettent de
faire varier et de corriger le faisceau lumineux éclai-
rant, condition première pour éprouver la valeur
optique.

Certains microscopes de fabrication courante ont
pour objectifs une combinaison de lentilles mobiles de
différents foyers qui se vissent les unes aux autres,
selon la puissance que l'on désire obtenir. Cette méthode est complétement défectueuse, parce qu'elle
exclut toute corrélation et tout centrage entre les différents éléments qui concourent à la formation de
l'image. Les objectifs qui sont destinés à la photographie
demandent à être combinés spécialement à cet effet ;
ceux dont les qualités sont suffisantes dans la production d'une image virtuelle, à moins d'un grand soin,
ne répondent pas toujours également bien quand elle
est projetée sur un écran. Ils seront corrigés de l'aberration de sphéricité, de l'achromatisme et du foyer
chimique, de façon que les rayons actiniques soient
portés au foyer effectif. Trois défauts sont particulièrement à éviter, quand ils prennent des proportions de
puissance un peu accentuée : le manque de foyer,
l'obscurité du champs et l'absence de netteté.

Généralement ils sont corrigés du *foyer chimique*
sur la lumière blanche quand ils sont livrés ; mais la
lumière blanche n'est pas homogène, elle est compo-

sée de différents rayons colorés qui se réfractent iné-
galement dans un même milieu ; il en résulte plusieurs points invisibles qui, au lieu de converger en
un seul endroit, s'étalent sans qu'on en ait aucun
indice en mettant au foyer une image ; c'est le foyer
chimique qui domine le foyer lumineux apparent,
obligeant en réalité d'opérer suivant une mise au point
variable. Il est surtout sensible avec les objectifs à
foyer combiné. Étant difficile à corriger dans la pratique autrement que par tâtonnement, on cherchera
quelle est la différence qui peut exister entre la position normale de l'écran pour un certain éclairage,
comparativement à la lumière blanche. M. Moitessier
a proposé à cet effet un écran mobile muni d'un tube
gradué glissant dans un cylindre fixe ; un tracé nettement gravé sur la base de la chambre noire, ou sur
toute autre partie contre laquelle se meut l'écran, répondra au même but.

Un bon objectif doit être doué du *pouvoir péné-
trant*, propriété qui consiste à définir nettement les
détails subtils situés dans les corps soumis à l'observation ; car, ni avec un oculaire très-fort, ni avec un
allongement démesuré du tube, on n'arrivera à faire
voir les détails qui n'existent pas dans la formation
de l'image, et qui seraient rendus visibles avec la
puissance de pénétration ; elle dépend en partie de la
grandeur de l'angle d'ouverture (on appelle ainsi

l'angle formé par les lignes reliant le point focal à la circonférence de la lentille).

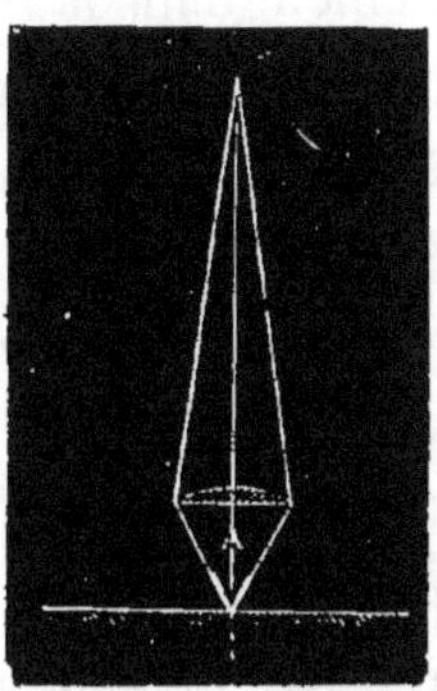

Fig. 12. — Angle d'ouverture d'une lentille (A).

Selon M. Hartnack, voici quels sont les phénomènes qui accompagnent la formation de l'image par un système optique, et les causes qui troublent sa fidélité :

« L'augmentation de l'ouverture angulaire conduit nécessairement à une finesse plus grande de l'image, à la condition d'une exactitude parfaite dans l'exécution des surfaces et de leur centrage exact. Cette augmentation est très-limitée par les réflexions abondantes que subit la lumière à son entrée dans l'objectif sous des incidences très-obliques. Dans ces mêmes conditions, l'onde lumineuse subit de très grandes déviations dans sa marche, et le peu de lumière qui a échappé à la réflexion arrive au foyer trop irrégulièrement pour concourir à la formation d'une bonne image. »

Avec le perfectionnement dans la taille des lentilles, on est arrivé à obtenir des angles d'ouverture admettant une vive lumière sans sacrifier la netteté. M. Ross a donné à ses lentilles 170° et même 176°, mais dont seulement 146° environ sont considérés comme vraiment utiles.

Lorsque les objectifs sont faibles, leur bonne exécution est généralement facile; quand ils sont très-forts, le foyer devient extrêmement court, l'intensité lumineuse disparaît, et la netteté tend à diminuer; en effet, les rayons n'arrivent dans la lentille frontale que sous une incidence prononcée, la réflexion est considérable. On parvient à éliminer ces défauts en appliquant les principes de *correction* et *d'immersion;* leur usage implique une dextérité assez avancée dans la pratique de la manipulation et ne s'adresse qu'à la micrographie supérieure. Au lieu de laisser les lentilles dans une position inamovible, on rapproche celle du milieu de l'une des deux autres au moyen d'un collier porté par la monture, qui fait mouvoir extérieurement un curseur indicatif de la position intérieure; selon les modèles, des degrés sont gravés sur le collier lui-même, ou un repère marque, par coïncidence d'un trait, l'élévation ou l'abaissement de la lentille mobile. Ceci est organisé pour détruire l'action que le verre mince de recouvrement de la préparation exerce sur les lentilles proportionnelle- ment à son épaisseur; si l'on n'avait qu'une seule épaisseur de verre, la correction serait à régler une fois pour toutes, mais elle est changeante avec les pré- parations de chaque micrographe. Pour faire dispa- raître ce défaut variable de corrélation entre les len- tilles et le verre, on est obligé d'opérer la rectification suivant chaque circonstance. Quelques objectifs à cor- rection double permettent de changer la distance de deux lentilles réciproquement, au lieu d'une seule ; certains constructeurs ont ainsi prétendu neutraliser les influences des couvre-objets épais et étendre les limites de la correction, d'autres regardent ce méca- nisme comme surabondant.

L'*immersion* se combine avec la correction. Elle fut imaginée par Amici pour annuler les franges de dif- fraction produites par les zones circulaires de l'objec- tif. Elle consiste à déposer une goutte d'eau très-pure, sans la moindre bulle d'air, sur le verre de recouvre- ment, pour remplacer la couche d'air séparant la len- tille frontale du verre de recouvrement. Cela est fait dans le but d'augmenter la netteté; l'indice de réfrac- tion de l'air étant très-éloigné de celui du verre, tandis que celui de l'eau en diffère peu, on annule ainsi les réflexions même en faisant usage de la lumière oblique. On a proposé la glycérine en remplacement de l'eau, comme étant plus avantageuse, mais elle a l'inconvénient de salir les lentilles.

Cette introduction d'un liquide, selon nos premiers opticiens, entre l'objet et la première lentille, à cause des faibles réflexions des rayons très-obliques, assure la prépondérance des rayons périphériques dans la formation de l'image. A cause d'une faible différence des indices du verre et du liquide interposé, dans les incidences même très-grandes, les rayons subissant peu de déviation, continuent leur marche régulière et précise. Le principe de l'immersion permet aussi une introduction abondante des rayons sous de grandes incidences et leur conserve une marche régulière. Ces deux causes réunies assurent aux rayons périphériques cette prépondérance marquée sur les rayons centraux dans l'image formée au foyer. Elle est dépouillée en grande partie des phénomènes de diffraction, et donne avec fidélité les finesses et les détails de l'objet.

A la pénétration et à la clarté s'ajoute, pour les objectifs à correction et immersion, une plus grande distance focale entre la lentille frontale et le couvre-objet, qu'on a la faculté d'employer plus épais ; on serait obligé, dans le système ordinaire, de se servir de verres infiniment minces, car la lentille y toucherait. Pour les préparations qui demandent un fort grossissement, on a fait à Birmingham des couvre-objets qui n'ont que $\frac{1}{50}$ de pouce d'épaisseur.

La puissance des objectifs se distingue par des numéros, dont le plus faible se rapporte au moins fort, de 0 jusqu'à 8, 9, 10, 11, 12, etc. Il est regrettable que, dans cette nomenclature, les fabricants n'aient pas choisi un numérotage uniforme ; chaque atelier ayant le sien, on est obligé d'établir entre eux un terme de comparaison approximative. Il serait à désirer que l'on s'entendît pour avoir, dans un même pays au moins, une unité de type qui n'obligeât pas à établir des tables comparatives. Les objectifs anglais sont numérotés suivant des fractions de pouce, méthode encore sujette à induire en erreur.

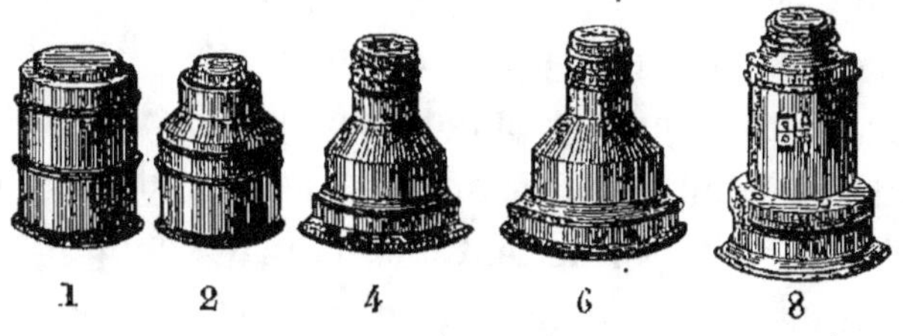

Fig. 13. — Série graduée d'objectifs de numéros différents.

On en prendra le plus grand soin. Avant de s'en servir, on s'assurera s'il n'y a pas d'humidité ou de poussière ; car, si imperceptibles qu'elles soient, elles sont rendues visibles par des ponctuations et des taches dont souvent on ignore l'origine. Même dans une enveloppe protectrice, la poussière se dépose. On les nettoiera avec une peau, un blaireau ou un linge doux sans peluches, pour éviter la plus petite éraillure qui serait la perte de l'objectif; un peu d'éther ou d'alcool enlèveront toutes les impuretés de la surface. Pour faire disparaître la goutte d'eau adhérente aux objectifs à immersion, on se contentera de souffler dessus fortement. Les lentilles ne seront pas dévissées inutilement pour ne pas détruire le centrage.

Dans toute étude micrographique sérieuse, il est indispensable d'avoir à sa disposition un certain nombre d'objectifs de puissances différentes, gradués depuis les plus faibles jusqu'aux plus forts, de façon à se mettre en harmonie avec le genre de reproduction ou d'observation que l'on entreprend pour répondre aux exigences de chaque cas particulier. Dans la photographie, l'amplification donnée par l'oculaire n'existant pas, combinés avec une distance variable de l'écran récepteur, ils permettent d'obtenir des amplifications multiples. Le nombre sera d'environ quatre ou cinq au moins.

DIAPHRAGMES

En plaçant devant une lentille, sur le trajet des rayons lumineux et dans l'axe optique, une surface métallique noircie, perforée d'ouvertures circulaires de diamètres variables, on resserre le faisceau lumineux ; ce fait détruit en partie l'aberration de sphéricité. L'image devient d'autant plus nette que le diaphragme est plus petit, et acquiert par conséquent un degré de finesse relatif ; l'entrée des rayons dans l'objectif, ne se faisant que par cette toute petite ouverture, donne une plus grande profondeur de foyer, faisant mieux ressortir les détails subtils, c'est-à-dire que la quantité dont on a la faculté de mouvoir impunément le verre dépoli ou écran de la chambre noire sans sortir du foyer, est plus forte.

Un objectif, ayant un grand diamètre relativement à sa distance focale, produit des images fausses, inéga-

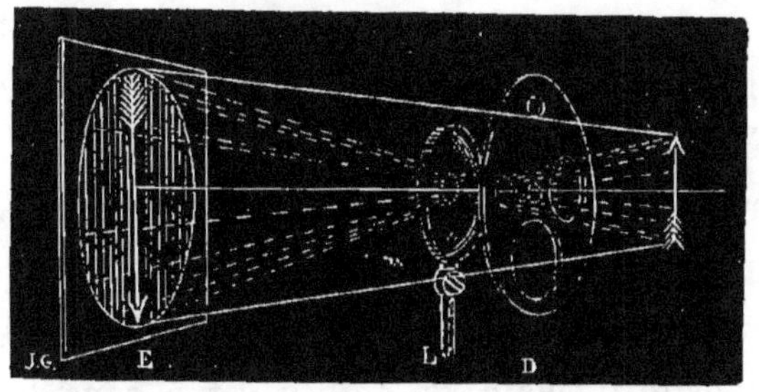

Fig. 14.— Marche des rayons formés par une lentille passant à travers un diaphragme. E, écran ; L, lentille ; D, diaphragme.

lement nettes au centre ou au bord ; aussi, dans la photographie ordinaire, les diaphragmes ont une importance encore plus sensible que dans la micrographie, où les objectifs sont très-petits ; l'image est plus vraie, parce que le diamètre est faible relativement à la distance qui les sépare de l'objet à reproduire. De plus le diaphragme n'a de place possible que devant la première lentille, au lieu que, pour les objectifs doubles ordinaires, on l'introduit avec beaucoup plus d'efficacité comme une vanne entre les deux lentilles. Dans les microscopes, il est également impraticable, souvent à cause de la platine, de le mettre tout près de l'objectif ; quand la lumière n'est pas parfaitement parallèle, cela donne une certaine divergence aux rayons ; cet inconvénient se ressent fortement en photographie parce que la moindre obliquité ne produit sur l'écran qu'un éclairage incomplet. Le meilleur diaphragme à employer est une petite pièce cylindrique avec une ouverture à la partie supérieure ; elle se place dans le système de coulisses verticales, de façon à venir affleurer la platine.

Quelquefois on peut se dispenser de corriger le pinceau lumineux pour éviter une déperdition assez forte d'intensité d'éclairage, ce qui est à considérer beaucoup quand on veut impressionner une surface sensible. En ne l'employant pas, on a, avec un bon objectif, une image correcte dans la partie centrale seulement ; si elle est suffisante, il n'est pas alors utile de mettre un diaphragme ; et comme il est d'autant plus nécessaire que les grossissements sont plus faibles, on pourra quelquefois s'en passer pour les forts grossissements qui demandent une plus vive lumière, ou mettre dans l'intérieur du tube, après l'objectif, un

diaphragme intérieur assez large qui reforme un peu
l'image sur le bord ; ceux qui sont à graduation sont
très-commodes ; avec une vis on recouvre ou on dé-
couvre des palettes mobiles, en forme de secteurs,
élargissant ou rétrécissant l'ouverture.

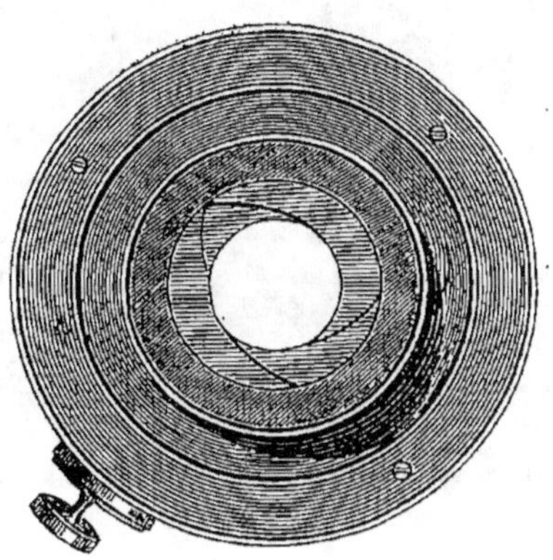

Fig. 15. — Diaphragme avec secteurs mobiles graduant l'ouverture.

Les diaphragmes n'ont pas uniquement pour objet
d'enlever une partie des rayons périphériques du faisceau, ils sont aussi employés à enlever ceux du centre
selon diverses combinaisons, pour faire distinguer des
objets délicats au moyen de jeux d'ombres. On a des
effets de lumière oblique, en conservant l'éclairage
parallèle ; ainsi, tout en ayant fidèlement la forme
générale, si l'on recouvre le centre d'un petit disque
opaque, on fait apparaître des détails qui n'étaient pas

sensibles avec toute l'ouverture. Les modifications à introduire peuvent être variées selon les formes données à ce genre de diaphragme.

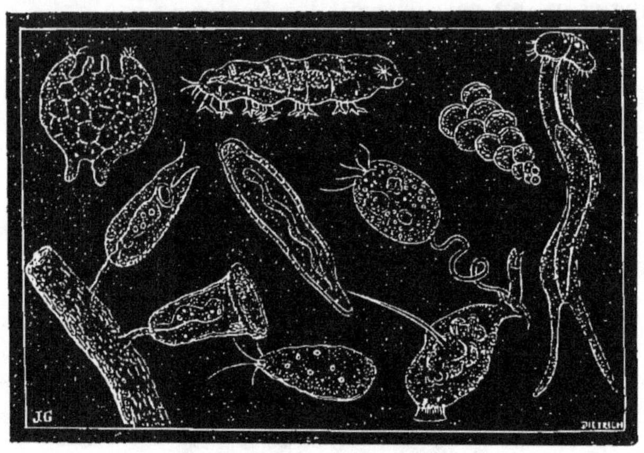

Fig. 16. — Infusoires divers, d'après des épreuves photographiques.

DISPOSITION DES APPAREILS

PHOTOMICROGRAPHIQUES

LES DIVERS MODES D'INSTALLATION DES APPAREILS

L'installation a pour principe les deux éléments primordiaux qui sont énoncés sous le titre même de ce volume. Les deux appareils se combinent de différentes manières entre eux, mais leur nature reste toujours la même. Un seul genre d'installation est nécessaire ; cependant il a été envisagé sous trois caractères distincts, pour que l'on puisse mieux choisir celui qui est le plus en harmonie avec les ressources dont on dispose et le travail que l'on entreprend. Chacun d'eux comporte des défauts et des avantages, dont on sera mieux à portée de juger par leur description séparée.

1° Le mode qui fut employé primitivement est une installation analogue à celle de l'ancien microscope solaire. En adaptant l'instrument dans la menuiserie d'une fenêtre hermétiquement fermée à la lumière, il projette dans la pièce, convertie en chambre noire, une image qui est reçue sur un écran mobile.

2° La méthode qui paraît être la plus simple et la plus pratique est de mettre sur une table une chambre noire ordinaire, à la partie antérieure de laquelle on place un microscope inclinant, occupant alors une position horizontale.

3° Une disposition encore moins compliquée est celle qui permet de photographier un sujet à une distance assez minime, pour employer le tube même du microscope, comme chambre noire, en lui conservant sa position verticale.

On se convaincra, par la liberté du choix de l'une de ces manières d'opérer, que la photographie est accessible à tous ; toutes à la fois elles répondent aux exigences les plus élevées de l'expérimentation comme aux limites restreintes de ceux qui, plus modestes, désirent se renfermer dans le caractère de la plus simple expression.

CABINET NOIR PHOTOGRAPHIQUE

Le cabinet noir est réservé, à cause de l'espace qui doit lui être consacré, aux opérations qui prennent une importance marquée, ou bien il est destiné aux micrographes qui désirent déployer un certain luxe expérimental. Quelquefois on se propose aussi de ménager l'emplacement en le faisant concorder avec les exigences matérielles du laboratoire ; le cabinet noir sert conjointement à la production de l'image, et aux manipulations photographiques exigeant de l'obscurité. (Voy. fig. 5, p. 18.)

L'ancien procédé, qui consiste à fixer un microscope solaire dans le volet d'une fenêtre, semble défectueux sous plusieurs rapports ; sa manœuvre est incommode à cause de la position qu'il occupe, et il est sujet aux vibrations de la menuiserie légère dans laquelle il est encastré. De plus il ne répond qu'à la photographie ; lui étant uniquement consacré, il est condamné à l'inaction une partie notable de l'année. Il est remplacé avantageusement sous tous les rapports par le microscope ordinaire d'observation placé dans la position horizontale, sur une tablette près de l'ouverture unique, par laquelle se fait la réflexion de la lumière.

L'installation dans un cabinet noir a pour côté favorable de donner la faculté de mettre l'écran récepteur à une distance éloignée de l'endroit où se forme l'image ; limité dans de nombreuses circonstances, cet avantage, qu'il ne faut pas pousser à l'exagération, se combine d'autre part avec celui de pouvoir opérer sur de grandes surfaces impressionnables beaucoup mieux qu'avec une chambre noire en forme de boîte. Mais la mise au point sur le bâti mobile porte-châssis demande une certaine complication de mécanisme pour pouvoir fonctionner commodément à plusieurs mètres du microscope.

Nous pouvons citer comme une des installations les plus convenables celle imaginée par M. le Dr Woodward, au *Medical Army Museum*. La fenêtre, d'une pièce inaccessible à la lumière, exposée du côté du sud, est divisée en deux parties : d'un côté, un carreau jaune permet d'observer l'état du ciel et s'ouvre pour régler un héliostat situé sur une crédence extérieure ; de l'autre, la partie inférieure est percée d'un petit orifice, par lequel se fait l'admission de la lumière réfléchie sur le microscope ordinaire d'observation placé horizontalement sur une tablette intérieure. En face, dans le plan optique, s'élève le bâti mobile porte-châssis, pouvant avancer et reculer sur des rails, à côté desquels est gravée une graduation indiquant par une simple lecture la distance entre l'objectif et le bâti. La mise au point peut se faire, soit sur un écran, soit sur un verre dépoli. Afin d'obvier à l'inconvénient de mettre au point à distance, avec la vis même de l'instrument (ce qui est gênant pour les myopes), une tige verticale fixée au bâti, à portée de la main, agit à tout endroit de la course sur une tringle horizontale à fleur de plancher, qui communique un mouvement rotatoire à une courroie en relation avec la vis de l'instrument. Cette manœuvre à distance est très-ingénieuse, mais elle entraîne dans des combinaisons d'un mécanisme compliqué ; l'éviter est la solution, sinon la plus concluante, du moins elle est plus logique.

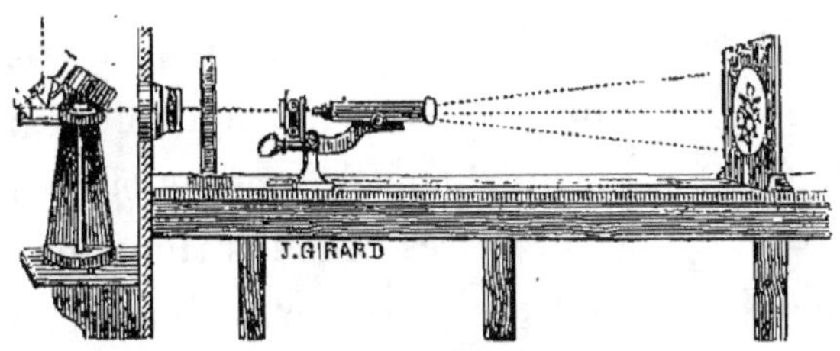

Fig. 17. — Installation du microscope dans le cabinet noir, sur une table à coulisses, avec héliostat extérieur.

Cette disposition a reçu par M. le Dr Maddox une heureuse modification, qui supprime le bâti-châssis dont l'importance est quelquefois encombrante ; une table munie de coulisses graduées, et d'une longueur d'environ 3 mètres et haute de 80 centimètres, reçoit le microscope monté sur une plate-forme mobile ; le châssis peut également glisser sans perdre sa perpendicularité aux rayons réfléchis extérieurement par un héliostat de son invention. L'appareil est ainsi moins divisé et doit à son aménagement une commodité résultant de l'indépendance des différents instruments que l'on a sous la main.

LE MICROSCOPE ADAPTÉ A LA CHAMBRE NOIRE

Aussi bien installé que soit un cabinet noir, il est indispensable qu'il satisfasse à des conditions multiples, qu'il est plus rationnel d'éviter en simplifiant et en réduisant les appareils. En adaptant un microscope au bout d'une chambre noire que tout photographe possède, on n'a besoin d'aucun agencement particulier, parce que chacun de ces deux instruments, quels qu'ils soient, sont aptes à la production d'une épreuve. La chambre sera à soufflet, avec environ un mètre de tirage ; et de la dimension pour glace de 21×27 environ, qui est plus que suffisante. Le format des glaces du commerce, étant plus haut que large, convient mal pour recevoir une image qui est toujours inscrite dans un carré, puisqu'elle est circulaire, lorsqu'on utilise la totalité de la surface du champ de projection ; le rond est de plus caractéristique des épreuves microscopi-

ques. Afin de ne rien changer à la destination de la
chambre noire, on aura un châssis ou une série de
châssis intermédiaires carrés, rentrant les uns dans les
autres, en même temps qu'ils concordent avec le châssis négatif qui sert à la photographie ordinaire. Les

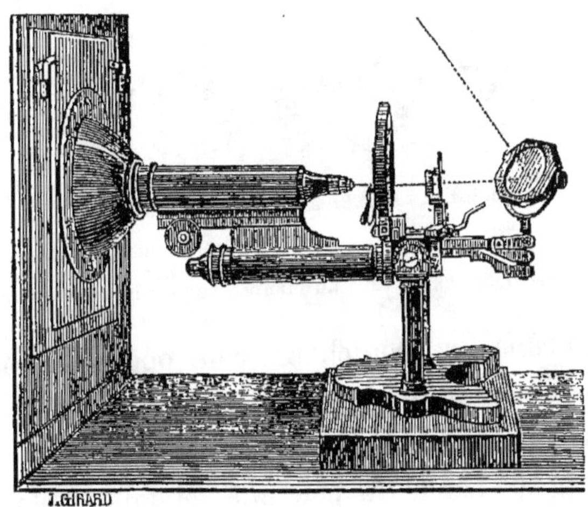

Fig. 18. — Microscope inclinant adapté à la chambre noire.

glaces, ou verres à collodion, seront par suite coupées
spécialement en carrés suivant deux ou trois gran-
deurs. La surface sensible est ainsi plus proprement et
plus régulièrement couverte, et on y trouve économie
de produits chimiques. Avec certaines glaces, comme
celles en usage pour le stéréoscope, on aurait avantage
à se servir d'un châssis multiplicateur donnant deux
épreuves ensemble.

A la face antérieure de la chambre noire, il existe généralement une feuillure destinée à recevoir les planchettes mobiles garnies des rondelles d'objectifs différents ; on fixera sur l'une d'elles, soit en la clouant, soit en la faisant tenir par simple compres-

Fig. 19. — Raccords du tube du microscope avec la chambre noire.

sion, un cône en caoutchouc, pour opérer le raccordement du microscope avec la chambre noire. On pourrait aussi lui substituer un étui en drap noir épais, attaché à la planchette par une rondelle métallique qui l'y ferait adhérer, et dont l'ouverture se relierait au tube du microscope à l'aide d'une coulisse et d'un cordon.

Il est d'une absolue nécessité que ce raccordement soit fait par un intermédiaire simple, afin de se prêter à tout mouvement de flexibilité ; une simple ouverture dans la planchette laissant pénétrer le tube du microscope, établit une rigidité trop grande, car les deux instruments ont besoin d'être réunis l'un à l'autre, *tout en conservant leur parfaite indépendance*, afin d'éviter de se contrarier mutuellement. Le microscope est ainsi soustrait aux secousses inévitables imprimées à la chambre, en réglant la mise au point, et en retirant, même avec toute la précaution possible, le châssis qui contient la glace sensible, le plus petit choc apporterait une perturbation dans le rectitude de l'image.

Comme les chambres n'ont communément qu'un allongement insuffisant, on fixera sur une planchette du module des autres un cône métallique ou une pyramide en bois, dont l'extrémité tronquée recevra le raccord en caoutchouc ou en drap noir.

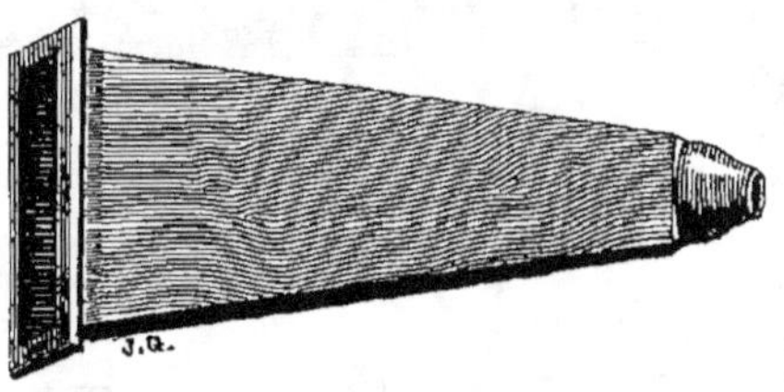

Fig 20. — Pyramide en bois avec son raccord en caoutchouc pour allonge de chambre noire.

A la place de chambre noire ordinaire, on pourrait substituer une simple boîte oblongue munie d'un châssis, mais alors la distance focale serait invariablement la même.

Quoique le microscope soit identiquement analogue à ceux avec lesquels se font les observations, il importe de remplacer le tube ordinaire portant l'oculaire et l'objectif; il est impropre à cause de sa longueur qui empêche l'expansion du faisceau lumineux. On lui en substituera un autre aussi court que le mécanisme afférent le permettra ; l'intérieur sera noirci avec un enduit mat, ou mieux revêtu de velours noir très-fin, dans le but d'éviter les réflexions d'une surface polie.

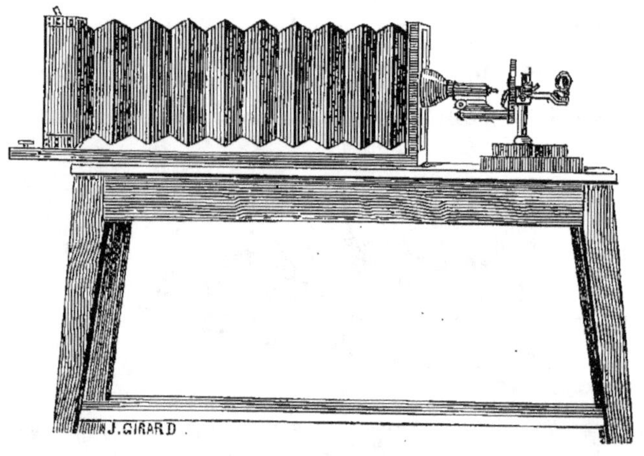

Fig. 21. — Installation de l'appareil sur une tablette.

On fait reposer la base, dont les constructeurs augmentent le poids naturel par une addition de métal pour donner plus d'assiette, sur un socle d'une hauteur réglée une fois pour toutes, combinée de façon que l'axe optique soit exactement dans la prolongation de celui de la chambre. L'appareil pourrait ainsi être

monté sur une table ordinaire bien fermement placée,
mais il est à remarquer que la hauteur donnée généralement aux tables d'ameublement n'est pas en rapport avec la commodité de l'opérateur, et le peu de
hauteur est une cause de gêne et de fatigue. La meilleure manière, selon nous, de le placer dans une position convenable pour travailler à son aise, est de le faire
reposer sur une tablette de la largeur de la chambre,
et d'une longueur d'environ $1^m,50$, montée sur des
pieds solides, ayant une inclinaison intérieure pour
donner plus de fixité ; afin de compenser les inégalités
qui sont fréquemment dans le plancher, il serait bon
de les munir de vis à caler. Vers le milieu une tablette
intermédiaire concourt à l'affermissement des pieds
et devient aussi très-utile pour déposer les accessoires
et menus objets pendant qu'on travaille, si l'on n'a
pas d'autre table à sa portée. La hauteur sera réglée
de façon qu'étant debout, on ait le centre du verre
dépoli en face des yeux. Rester debout est peut-être
un peu plus pénible que de faire les essais de mise
au point assis sur le côté d'une table plus basse,
cependant on y gagne notablement dans la dextérité
de ses mouvements. Dans le cas où l'allongement
total de la chambre dépasserait fortement la longueur
de la tablette qui la supporte, on l'affermirait avec
une presse en fer placée latéralement, pour éviter un
mouvement de bascule que pourrait provoquer la

saillie de la queue de la chambre. Si la saillie était prononcée davantage, on mettrait un pied additionnel, ou un jambage incliné, ayant les pieds mêmes de la tablette pour point d'appui. Comme cette installation ne comporte pas l'usage d'une longueur focale aussi prononcée que dans le cabinet noir photographique, ces moyens secondaires seront amplement suffisants ; elle a le mérite de l'indépendance, donnant la facilité de se placer partout où l'on jouit d'un rayon de soleil. En n'abusant pas de l'allongement, on n'est pas gêné par l'obligation où l'on est d'avoir la tête cachée sous le voile devant le verre dépoli, en mettant en même temps la main tendue pour faire mouvoir la vis micrométrique pendant le règlement de la mise au point. Au besoin, on aurait recours à un aide, qui

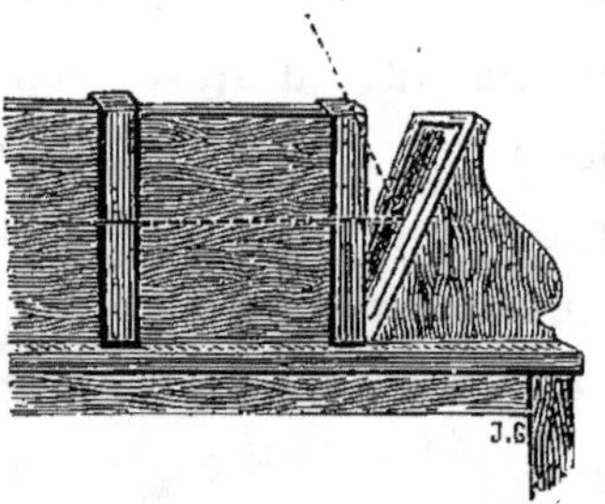

Fig. 22. — Glace inclinée placée à l'extrémité d'une chambre noire, pour faciliter la mise au foyer à grande distance.

agirait selon les indications de l'observateur. Voulant annuler cet inconvénient, M. de Brébisson s'est servi

d'un miroir intérieur placé au fond de la chambre.
On a alors le corps penché sur le milieu de l'appareil,
placé sur une table de hauteur appropriée, la tête
cachée sous le voile, et la main droite plus libre pour
tenir la vis. On a aussi imaginé des systèmes de trin-
gles avec vis de rappel ; mais mieux vaut encore une
position un peu gênante à laquelle on finit bientôt par
s'habituer, que de recourir à un mécanisme destiné à
agir de loin, et par cela même souvent défectueux,
car la sensibilité d'une vis micrométrique s'accommode
mal de ces moyens, dont la précision, malgré toute sa
qualité, ne vaut pas l'action libre et directe de la
main.

DISPOSITION VERTICALE DU MICROSCOPE

La disposition horizontale est notablement préférable à la position verticale, à cause de l'importance que
peut prendre la chambre noire, quelque volumineuse
qu'elle soit, puisqu'on la laisse indépendante. Cependant elle rend encore quelques services, dans le cas où
l'on désirerait employer un microscope non inclinant,
ou réduire le matériel à sa plus grande simplicité.
On place une boîte verticale au-dessus de l'instrument,
ou l'on considère la partie supérieure du tube comme
une sorte de chambre noire, à la tête de laquelle on

adapte un tout petit châssis métallique à la place de l'oculaire, destiné à contenir la surface sensible. Naturellement, l'épreuve obtenue ainsi, ou même avec une boîte surmontant le tube, a des proportions très-restreintes, trop souvent insignifiantes, car pour être utile, il faut qu'une épreuve ait au moins $0^m,05$ de diamètre ; en outre, le maniement d'une aussi petite glace est incommode dans les manipulations auxquelles elle donne lieu. D'un autre côté, si l'on pose une boîte dont le poids serait supporté par l'instrument seul, il en résulte infailliblement une fixité douteuse ; la pesanteur et le changement du châssis seront nuisibles à l'immobilité nécessaire du mécanisme ; la plus petite vibration produit une perturbation simultanée du foyer, de l'éclairage et de la partie choisie sur la préparation pour être étudiée. On peut apporter un remède à cet état de choses si on laisse l'instrument microscopique complétement indépendant, en faisant porter la chambre noire sur des colonnettes.

La meilleure installation serait celle-ci : sur une table basse d'environ $0^m,65$ de hauteur, on fixe deux solides bâtis montants, assemblés sur la table au moyen de cornières métalliques ; ils sont destinés à recevoir une chambre à soufflet d'environ $0^m,15$ carrés. Au-dessous, une partie conique fixe est arasée à la hauteur du tube du microscope ; les côtés, garnis d'une planchette donnant de la rigidité à l'ensemble, portent

une crémaillère pour allonger la chambre noire ;
l'opérateur est ici inévitablement obligé de prendre
une position fatigante pour mettre au foyer, ce qui
limite beaucoup l'extension verticale. On ne peut

Fig. 23. — Disposition verticale de la chambre noire
au-dessus du microscope.

espérer dépasser la hauteur d'un mètre, ou alors il
faudrait monter sur un escabeau pour s'élever proportionnellement à la hauteur du fond de la chambre.
A cause de ses petites proportions, l'appareil vertical
rend des services à celui qui n'a pas besoin de se livrer
largement à la photomicrographie, en ayant soin
toutefois de combattre les défauts qui lui sont inhé-

rents. Dans quelques cas spéciaux, comme avec le microscope renversé pour l'étude de la géologie, la photographie instantanée, il peut être d'un bon usage.

INSTANTANÉS

Dans quelques circonstances spéciales et très-rares, on peut avoir besoin d'obtenir instantanément certains phénomènes au moment même où ils s'accom-

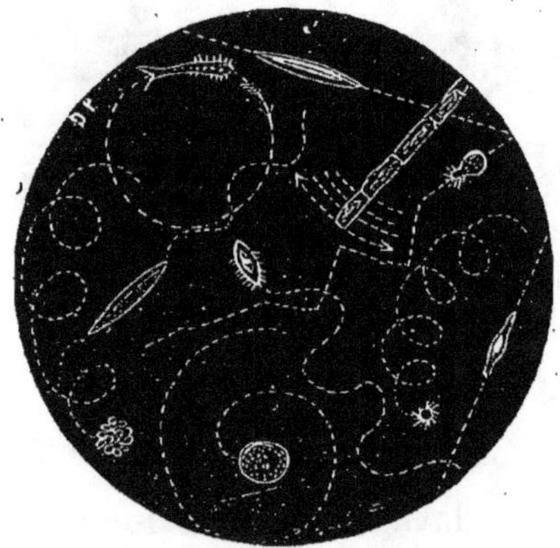

Fig. 24. — Motilité d'infusoires divers, d'après des épreuves photographiques instantanées.

plissent ; tels sont principalement : les animalcules vivants, les infusoires, les proto-organismes, les phénomènes en voie de formation, la circulation de la séve, du sang, les mouvements des conferves résultant de

l'osmose et de l'endosmose, les réactions sous l'influence de la chaleur, etc. La condition première est
d'avoir une lumière abondante à sa disposition ; aussi,
pour l'obtenir, on n'emploiera que des objectifs faibles, ou bien il faudra recourir à une concentration
énergique. La difficulté matérielle la plus importante

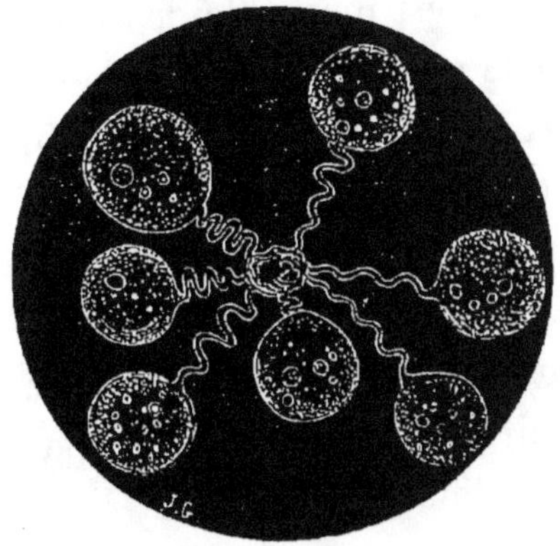

Fig. 25. — *Fac-simile d'épreuve instantanée.* Vorticelles adhérentes à un
noyau central par leur queue rétractile.

réside dans l'emploi d'un obturateur agissant rapidement, sans produire la moindre vibration dans l'appareil optique et dans la précision du mécanisme. On
peut employer avec succès le système à *guillotine*
en usage pour les vues instantanées stéréoscopiques,
pourvu toutefois qu'il agisse indépendamment. Il est
aussi très-simple de s'exercer à manier rapidement
une feuille de carton interposée dans le parcours des

rayons lumineux ; sa légèreté et l'indépendance complète qu'elle possède en font un bon obturateur instantané, quand la main a acquis un peu d'habitude.

Un des principaux obstacles des instantanés réside dans le choix exact du moment où l'impressionnement doit avoir lieu. Avec les appareils précédemment énumérés, l'opérateur est incapable de saisir cet instant, puisqu'il n'existe aucune ouverture dans la chambre noire. M. Bourmans, à Maestricht, a imaginé une disposition qui permet de photographier un objet fugitif, tout en l'observant en même temps pendant toute la durée de l'exposition à la lumière. Soit AB un tube vertical portant à angle droit un tube horizontal C fixé à la chambre noire ; le corps du microscope est supporté par son pied ordinaire et se meut librement dans le tube AB. En *ab* se trouve inclinée à 45° une glace parfaitement plane, argentée par son côté inférieur au moyen du procédé Martin. Si la couche d'argent n'est pas trop épaisse, ce qu'il est facile de réaliser en arrêtant à temps le dépôt, elle sera bleue vue par transparence et transmettra par réflexion 75 pour 100 de la lumière reçue par l'objectif E. En A se trouve un oculaire faible, ordinaire, fixé une fois pour toutes de manière que l'image de l'objet, se peignant nettement par réflexion sur la plaque sensible F ou sur une glace dépolie, soit en même temps vue distinctement à travers la glace argentée. *cd* est un obturateur se manœuvrant au dehors au moyen d'un bouton *c*. En met-

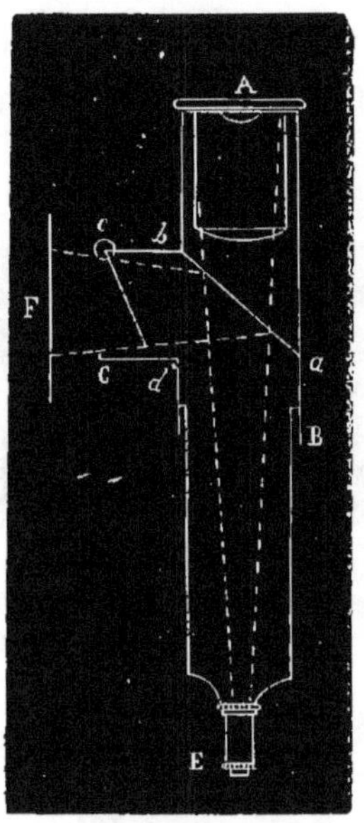

Fig. 26. — Démonstration schématique du microscope photographique instantané.

tant l'œil à l'oculaire A et en tenant l'obturateur fermé par le bouton *c*, après avoir mis la glace sensible en F, on pourra opérer la mise au point d'un objet mobile avec la plus grande sûreté, et, après avoir ouvert l'obturateur, on continue à le voir pendant qu'une image s'en forme sur la plaque sensible. De cette manière on peut arrêter la pose aussitôt que l'objet change de place.

Une épreuve instantanée implique un corps en

mouvement dont on veut surprendre la forme sans détérioration, au moment même où il est en activité ; autrement, l'instantanéité se rapporterait à une période d'exposition très-courte, ayant pour résultat de modérer l'impression.

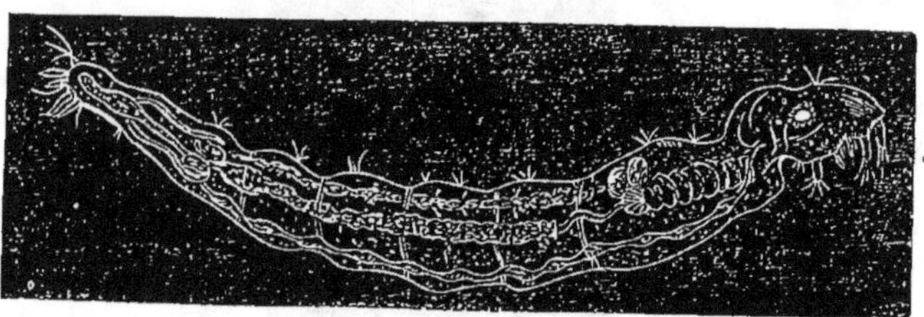

Fig. 27. — Infusoire : *Corethra plumicornis*.

ÉCLAIRAGE

CONSIDÉRATIONS PHOTOGRAPHIQUES SUR LA LUMIÈRE

La lumière joue le rôle le plus important dans la formation de l'image photographique. Déjà, dans la photographie ordinaire, elle demande une connaissance particulière des effets qu'elle produit suivant les circonstances dans lesquelles elle agit ; à plus forte raison, elle exerce une influence très-sensible dans l'exactitude des résultats microscopiques, d'autant plus qu'elle n'est pas employée directement, mais réfléchie, ce qui apporte certaines modifications dans son état.

La lumière qui nous procure la perception des objets extérieurs n'est pas simple. En étalant un faisceau lumineux par son passage à travers un prisme de verre, ses éléments se trouvent séparés et disposés en éventail ; c'est le spectre. Il est composé de sept rayons ayant chacun une couleur différente : violet, indigo, bleu, vert, jaune, orangé, rouge ; ces sept couleurs se fondent plus ou moins les unes dans les autres, en sorte qu'il existe une infinité de nuances intermédiaires. Pour prouver le mélange des sept couleurs du spectre reproduit par la lumière blanche, on reçoit un rayon de soleil passant à travers un prisme qui décompose, et ensuite sur un second prisme identiquement semblable, mais ayant le sommet tourné du côté opposé au premier ; il recompose le rayon solaire. On reçoit encore le rayon de soleil passant par un prisme sur un miroir concave ou sur sept miroirs ; ces rayons venant converger au foyer donnent la lumière blanche.

L'impressionnement des surfaces sensibilisées par l'iodure d'argent se fait sous les rayons violets, commençant à la raie F de Frauenhofer, atteignant son maximum en H, et allant ensuite en s'affaiblissant jusqu'aux limites des rayons ultra-violets. Au delà du rouge existent des radiations de chaleur obscures ; au delà du violet, elles sont susceptibles d'exercer une action chimique : ainsi le spectre est divisé en partie calorique et partie chimique. En photographie, les rayons caloriques sont nuisibles, surtout quand, ayant

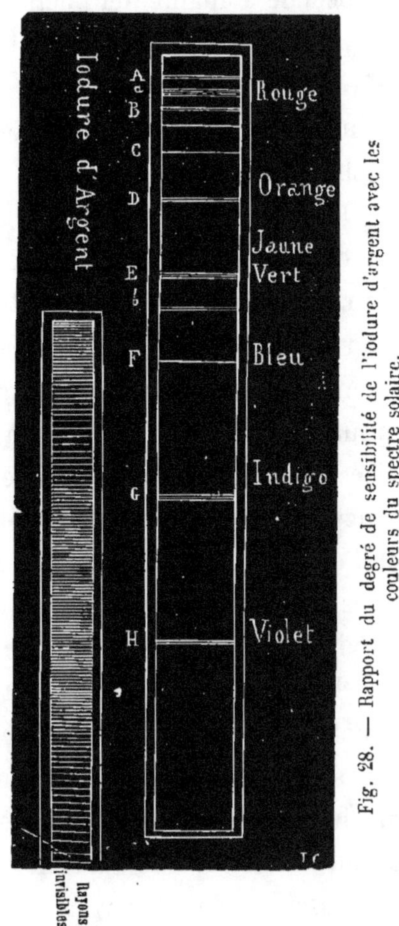

Fig. 28. — Rapport du degré de sensibilité de l'iodure d'argent avec les couleurs du spectre solaire.

besoin d'intensité, on condense une grande quantité de lumière solaire sur un seul point; ces rayons caloriques ne produisent aucun effet, mais ils concourent par une vertu spéciale à augmenter l'action des rayons actiniques, car, abstractivement, l'agent réellement photographique n'est pas précisément la lumière, mais la vibration actinique qui arrive accompagnée de lumière et de chaleur.

D'après M. Desains, les mêmes lois s'appliquent à la propagation de la chaleur et à celle de la lumière. Un faisceau de rayons lumineux horizontaux traverse une lame de verre sur laquelle sont tracées des lignes verticales extrêmement rapprochées les unes des autres (deux cent cinquante traits dans une largeur d'un millimètre). Ce faisceau est divisé par la lame en plusieurs faisceaux distincts qui s'étalent en éventail dans un plan horizontal, et l'on voit, sur un écran que rencontrent les faisceaux, des alternatives de lumière et d'obscurité. Avec la lumière violette les intervalles obscurs sont moins grands qu'avec la lumière rouge. Tel est le phénomène de diffraction découvert par Frauenhofer. En faisant tomber sur le réseau de la chaleur obscure, provenant d'un faisceau solaire qui a traversé une solution d'iode dans le sulfure de carbone, il a observé des intervalles obscurs donnés par la lumière rouge Le violet est plus réfrangible que le rouge ; le rouge est plus réfrangible que la chaleur obscure ; par conséquent, la grandeur des intervalles privés de rayons varie en sens inverse de la réfrangibilité.

La lumière solaire, cause première des réactions
chimiques qui s'accomplissent, convient naturellement mieux aux opérations de photomicrographie, par
son intensité supérieure et ses qualités, que la lumière diffuse. Cependant, selon le docteur Reichard,
elle donnerait plus de douceur de ton aux épreuves;
mais pour les sujets relatifs aux sciences naturelles,
cette qualité est souvent de peu de valeur; la précision, une grande netteté donnant une traduction
exacte, sont seules désirables. De plus, dans les fortes
amplifications, la lumière diffuse, même condensée,
serait insuffisante; elle ne peut donc être considérée
que comme uniquement expérimentale ou exceptionnellement usuelle. Il est préférable d'avoir directement recours à la lumière solaire, car, en disposant à
son gré d'une source lumineuse abondante, on a toute
facilité possible pour la corriger, l'atténuer, la modifier suivant les exigences de la circonstance.

Dans les climats septentrionaux, le soleil ne reste à
l'horizon suffisamment que pendant la belle saison ;
s'il fait quelques rares apparitions en hiver, il perce
une atmosphère brumeuse, et de plus il est trop bas pour
se prêter pendant une longue durée aux besoins de la
photographie. Son peu de constance implique nécessairement sous notre latitude la cessation des travaux
d'octobre en avril. Pendant l'hiver, il n'y a pas cependant lieu de rester inactif; on préparera les sujets

4.

microscopiques qui doivent être reproduits au retour
du beau temps ; on les photographie plus rapidement
qu'on les prépare ou qu'on les étudie.

LA LUMIÈRE ARTIFICIELLE

Les rayons solaires peuvent, dans certaines conditions, être remplacés par une lumière artificielle ; son
emploi ne se justifie que dans les expériences, parce
que son usage est compliqué, gênant, et que sa production est toujours dispendieuse ; au lieu que celle
du soleil, excellente par elle-même, n'a aucun de ces
inconvénients.

La lumière du *pétrole*, quoique beaucoup trop faible, peut encore, pour les plus faibles grossissements,
servir accidentellement à la photographie.

La lumière *électrique* a pour générateur une pile
d'environ 50 éléments Bunsen, dont les acides ont
besoin d'être à leur densité normale (environ 36°).
Elle se produit avec un régulateur (système Serrin
ou Foucault) qui, par un mécanisme automatique,
rapproche les charbons au fur et à mesure de la combustion, sans écarter le point d'ignition du centre
optique dans lequel est placé le réflecteur. Pour la
photographie, la lumière électrique fournit un bon
éclairage, peu différent de celui du soleil ; cependant,

on ne doit pas négliger l'interposition de la cuve de
la solution de sulfate de cuivre, ni le verre dépoli,
non-seulement pour exclure les rayons non actiniques, mais pour éviter la chaleur très-intense qui est
dégagée. M. le Dr Woodward met ses qualités au

Fig. 29. — Appareil pour la photographie à la lumière artificielle.

même rang que celles du soleil, et il lui attribue
l'avantage d'être plus maniable et plus rapide à l'impression. D'autre part, on lui reproche la scintillation
résultant d'imperfections du régulateur ou d'impureté
des charbons ; quelques opérateurs lui attribuent un
foyer chimique.

La lumière du *magnésium* serait excellente dans les
opérations photographiques et distancerait celle de
l'électricité si ce métal pouvait être brûlé d'une façon
bien constante et que la fabrication le laissât à meilleur

compte. Il faut de 60 à 80 grammes pour un travail de deux heures consécutives. On le brûle en fils ou en rubans dans une lampe composée d'un réflecteur et d'un mouvement d'horlogerie ; comme la fumée intense qui se dégage serait intolérable dans l'atmosphère du laboratoire, on la dirige extérieurement au moyen d'un tube, ou encore on la reçoit intérieurement dans une cheminée faite d'une toile légère enroulée sur un fil de cuivre en spirale, qui aboutit dans un sac de mousseline où le produit de la combustion se condense en oxyde ; le courant d'air s'établit par les interstices du tissu. L'interférence est peu sensible à cause de l'homogénéité naturelle de la lumière ; ceci exclut les procédés usuels relatés précédemment pour l'obtenir. (M. Woodward.)

RÉFLEXION DE LA LUMIÈRE

L'éclairage direct des objets microscopiques est presque impraticable. On a discuté pour les agrandissements photographiques une méthode d'éclairage directe avec concentration, pour ne pas fausser la direction des rayons solaires ; elle entraîne l'établissement de la chambre noire même, garnie de l'appareil optique, sur un pivot où elle suit le mouvement du soleil, soit mécaniquement, soit à la main. L'usage compliqué d'une chambre noire mobile, qui atteint quelquefois des dimensions assez fortes, n'est pas pratique ; il est beaucoup mieux de projeter les rayons lumineux par la réflexion d'un prisme ou d'un miroir.

Le prisme a été préconisé par M. le comte Castracane, entre les mains de qui il a donné de bons résultats ; mais il est généralement moins commode à manier que le miroir ; ensuite, il cause une assez forte déperdition de lumière, ce qui produit des épreuves ternes. Le prisme doit être en *flint*, placé à une courte distance du condensateur achromatique, afin de permettre une dispersion suffisante donnant le rayon violet ou le bleu verdâtre, qui possède une grande activité. Comme le *flint* arrête par absorption une quantité notable des rayons extra-prismatiques, il est avantageux de se servir de quartz, mais comme cette matière ne se prête qu'à la construction de prismes ne donnant qu'un spectre court, il faut, pour qu'il soit étalé, en accoler deux ensemble.

M. le Dr Maddox, qui a étudié avec un soin spécial l'éclairage photomicrographique, se sert tantôt du miroir, tantôt d'un prisme condensateur achromatique, dont une face est convexe ; il le place à une distance telle du sujet, que les rayons se croisent avant d'y arriver ; ceci a pour effet d'éviter la chaleur intense produite par le faisceau lumineux, qui serait dangereux pour la préparation et qui pourrait décoller les lentilles. On s'assure si elle n'est pas trop forte en essayant si l'on peut y endurer la main. Rarement le prisme est employé seul, mais bien avec une lentille condensatrice achromatique placée sous la platine du microscope.

Le miroir n'a pas les avantages optiques du prisme, mais il se prête plus aisément aux exigences diverses de l'éclairage; il se trouve adapté invariablement à tous les instruments, et n'a qu'une faible déperdition d'intensité lumineuse d'environ un tiers ou un quart de la totalité. Ce mode, extrêmement simple, réunit les meilleures conditions comme surface réfléchissante. Il est nécessaire que le miroir soit plan d'un côté et concave de l'autre, afin de varier les effets lumineux; avec un objectif faible, le côté plan sera le meilleur; avec un objectif fort ou moyen, la face concave permettra de produire un faisceau lumineux concentré proportionnellement au diamètre des lentilles, qui doivent ainsi être couvertes par la base de ce faisceau, pour présenter un cercle complet sur l'écran ou le verre dépoli, si le miroir est bien disposé dans l'axe de la chambre noire. En amenant un point lumineux vif, suivant un foyer convenable, sur la lentille frontale, on arrive généralement à donner une intensité suffisamment énergique pour impressionner la surface sensible à une assez grande distance, même

en faisant usage d'un très-fort grossissement; avec
un grossissement modéré, on a la faculté de combiner
un foyer proportionné à l'intensité et au diamètre des
lentilles de l'objectif. Cette méthode très-simple réus-
sit bien pour le travail ordinaire, mais elle exige une
certaine habitude pour placer convenablement le miroir; les rayons réfléchis par le miroir concave sont
sujets à la diffraction et ne sont pas rigoureusement
centrés.

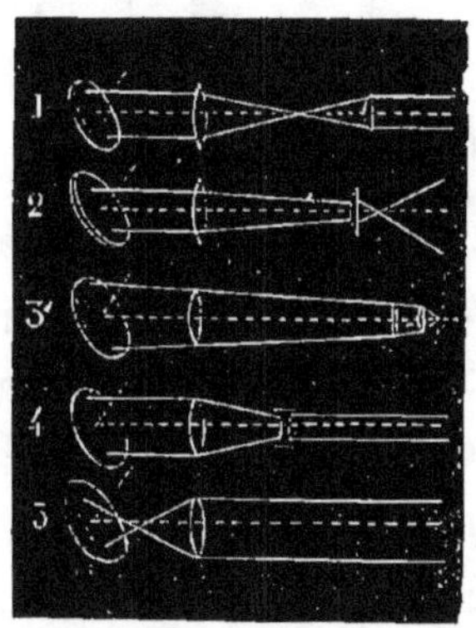

Fig. 30. — Trajet des rayons lumineux dans les différents modes d'éclairage par la réflexion spéculaire avec lentille condensatrice.

1. Rayons parallèles avec croisement préalable.
2.   —   divergents.
3.   —   convergents à travers une surface plane.
4.   —   parallèles sans croisement.
5.   —   parallèles directement.

Si cette réflexion simplement spéculaire donne des
résultats généraux assez satisfaisants, elle ne remplit
pas cependant les conditions voulues pour les expé-

riences délicates, où la moindre irrégularité serait nuisible à la production d'une bonne épreuve. M. Moitessier divise en quatre systèmes l'appareil éclaireur : convergeant, divergeant, parallèle avec croisement des rayons et parallèle sans croisement ; il a adopté deux lentilles pour condensateurs, l'une de 5 à 6 centimètres de diamètre et de 25 à 30 centimètres de foyer, l'autre très-petite et d'une distance focale très-courte. La première reçoit directement le faisceau parallèle réfléchi par le miroir ; la seconde, placée sur le trajet des rayons réfractés, est destinée à modifier leur marche, selon la position qu'elle occupe. Elles sont mobiles sur des coulisses à l'extrémité desquelles est situé le réflecteur. Cette disposition d'éclairage a pour principe de graduer l'intensité selon le grossissement et le genre de préparation que l'on reproduit, ensuite il évite les phénomènes de diffraction qui ont lieu sur les bords des objets. En homogénéifiant la lumière, on ne détruit pas certains effets d'ordre inférieur résultant de la direction, et ensuite tous les objectifs ne sont pas corrigés pour le spectre secondaire ; aussi faut-il que l'appareil éclaireur se prête à donner à volonté un faisceau lumineux régulièrement réfléchi ; car le rayon incident, le rayon réfléchi et la normale sont dans un même plan, l'angle d'incidence étant égal à l'angle de réflexion. Parmi les différentes manières usitées par certains expéri-

mentateurs pour obtenir une réflexion régulière,
citons : le professeur Gerlach, qui s'est servi d'une
lentille plano-convexe avec miroir concave, permettant aux rayons de se croiser avant de passer par la
lentille. Le professeur Read, de New-York, avait
adopté, pour les forts grossissements, comme condensateur, un doublet de Woolastone, d'une ouverture de
44°. M. Traer corrigeait les irrégularités d'ajustement
avec le condensateur, en donnant à la distance comprise entre le miroir concave et l'objectif, une longueur plus petite que son foyer. Le Rév. Read a proposé la méthode ingénieuse d'un condensateur hémi-
sphérique et double, composé de deux lentilles placées
l'une au-dessus de l'autre à faible distance ; les
rayons fournissant la lumière et ceux produisant la
chaleur ayant différents degrés de réfrangibilité, on
obtient un cône de rayons éclairants formé au moyen
du cône de rayons caloriques. M. le Dr Maddox emploie le condensateur achromatique de Sollit, qui
donne un champ très-large exempt d'aberration ; il
consiste en deux lentilles achromatiques, dont la surface plane est tournée vers l'objet. Il la remplace
aussi par une simple lentille de Coddington d'un angle
d'ouverture d'environ 15°. Il emploie encore deux
lentilles plano-convexes superposées ou un doublet
achromatique de 22° d'ouverture. Certains micrographes anglais ont aussi fait usage de « spotted lens, »

lentilles biconvexes ou plano-convexes, ayant au centre un petit disque noir empêchant les rayons de passer dans l'axe. Pour simplifier la combinaison des condensateurs spéciaux, on peut employer un objectif de microscope d'un numéro inférieur à celui dont on se sert pour former l'image.

Dans quelques circonstances particulières de la photographie de sujets très-délicats, il est nécessaire d'obtenir des effets lumineux qui mettent en évidence une foule de détails de faible saillie ; on a recours à la lumière oblique ; elle réclame une certaine expérience et un patient tâtonnement, afin de servir d'adroit subterfuge pour faire valoir les objectifs. L'inconvénient inhérent à la lumière oblique est de contraindre presque généralement à supprimer les diaphragmes, toujours trop éloignés de la lentille frontale, ce qui est une cause inévitable de manque de finesse ; ensuite, si l'on considère la réfraction de la lumière oblique à travers la lamelle de verre du porte-objet, on comprend que le rayon garde sa direction, quoique dérangé de sa position première, mais il est susceptible de produire des phénomènes de diffraction sur la préparation.

La réflexion directe sur l'objectif ou sur un condensateur demande à ne pas être trop prolongée ; le déplacement du soleil, rapide et constant, serait cause d'obscurité partielle ou totale sur la glace sensibilisée.

Ceci est d'autant plus sensible que le grossissement est peu accentué. On sera ainsi constamment dans l'obligation de veiller et de vérifier si la projection sur le verre dépoli est exacte ou embrasse sa totalité avant d'exposer la glace.

Fig. 51. — Héliostat du Dr Maddox.

A. Boîte contenant le mouvement d'horlogerie. — MM'. Miroirs. — D. Poulie de transmission. — B'. Vérificateur du parallélisme des miroirs. — P. Détail agrandi. — K. Tige de rappel. — N. Détail du fil à plomb au centre de l'appareil.

L'inconvénient de ce déplacement des rayons solaires est évité par l'emploi de l'*héliostat*. Cet instrument, qui a été imaginé par Gravesande pour donner à une lunette la possibilité de suivre le mouvement du soleil, est utilisé aussi pour le réfléchir dans l'axe de la chambre noire, avec une direction toujours

identique. Il porte un miroir mû par un mouvement
d'horlogerie, lui imprimant un changement permanent
de position d'accord avec celui du soleil. En photomicrographie, il s'applique plus spécialement aux

Fig. 52. — Héliostat de Foucault (construit par M. Duboscq.)

opérations de cabinet noir qu'au microscope adapté
à la chambre noire. Dans le premier cas, on le place
extérieurement sur une tablette, et on le règle pour
le travail de toute la journée, sans qu'on ait plus
ensuite à s'en occuper. On doit avoir soin de lui donner une assiette suffisante pour qu'il soit protégé
contre les vibrations causées par le vent. Comme il

n'a qu'une glace plane située à une certaine distance,
il est naturel que l'intensité lumineuse soit moindre
qu'avec le miroir concave ordinaire.

CORRECTION DES RAYONS LUMINEUX RÉFLÉCHIS

Quand on reçoit sur un écran, dans une chambre
noire, un rayon de lumière solaire réfléchie directement par le miroir, en passant à travers l'objectif, on
remarque une teinte jaunâtre terne, désagréable à
l'œil, qui se traduirait sur le négatif par une altération des tons du sujet, un manque de netteté et une
perturbation générale. Or, pour que la lumière soit
bonne photographiquement, il est aussi nécessaire
qu'elle soit agréable à la vue ; les substances photogéniques possèdent la même faculté que cet organe ;
elles sont insensibles à l'action du rouge, du jaune
et du vert, tandis que le bleu, le violet, et surtout les
rayons actiniques, qui n'affectent aucune couleur
visible, les impressionnent fortement.

Les phénomènes insaisissables qui opèrent des réactions chimiques prennent de grandes proportions dans
le microscope employé comme instrument photographique ; on est obligé de recourir à une forte intensité qui, combinée avec le faible diamètre des lentilles, amplifie les perturbations. En réfléchissant les

rayons lumineux au moyen des diverses dispositions
précitées, il arrive nécessairement que les rayons se
rencontrent de façon à détruire les vitesses de leurs
vibrations réciproques ; celles-ci sont anéanties, et
l'obscurité se produit, parce que, comme la lumière se
propage par ondulations, leur arrêt engendre à leur

Fig. 55. — Théorie de l'interférence des ondes lumineuses.

intersection une *interférence* d'ondes ; donc la lumière
ajoutée à la lumière donne de l'obscurité, et ceci est
d'autant plus sensible que le grossissement est plus
fort, et que le sujet à reproduire se prête à intervertir
les rayons. Mais il faut qu'ils soient homogènes et ori-
ginairement partis du même point et se rencontrent
sous un angle aigu. La largeur des franges ou lignes
causées par l'intersection des ondes n'est pas la longueur de l'onde, mais elle lui est proportionnelle ; les
longueurs d'ondes du violet au rouge étant entre elles

comme deux est à trois, les vibrations de ces deux couleurs sont comme trois est à deux ; le rapport de vibration du violet au rouge est donc de 3/2. (Longueurs des ondes : rouge, 6,2 ; jaune, 5,5 ; vert, 5,1 ; bleu, 4,6 ; violet, 4,1.)

Dans le but de corriger les défectuosités qui se manifestent par l'interférence et par les rayons caloriques examinés précédemment, il est nécessaire de faire passer la lumière à travers un milieu modificateur avant qu'elle forme l'image.

Ce fut Amici qui le premier pensa à appliquer la lumière monochrome à l'observation microscopique ; il employa simplement les rayons du spectre sans avoir paru en retirer grand bénéfice ; cela ne semblait avoir une application directe que dans quelques exceptions expérimentales. Ensuite von Baer étudia l'éclairage monochromatique au moyen d'une cuve à faces parallèles en verre remplie d'un liquide. Parmi les différents liquides proposés, on peut citer : une solution d'alun donnant un champ incolore et éliminant complétement les rayons caloriques ; une solution violette d'aniline ; l'eau pure, à peine teintée d'indigo, a par elle-même un grand pouvoir absorbant de la chaleur rayonnante. M. Stokes, qui a découvert le phénomène de la fluorescence, a rendu visible la lumière extra-prismatique à l'aide d'une solution de sulfate de quinine concentrée ; mais elle passera les

rayons depuis le rouge jusqu'à la ligne G de Frauenhofer. Cependant M. Royston Pigott regarde les
rayons rouges du haut du spectre comme convenant
le mieux aux fortes amplifications; il y a ainsi une
sorte de correction de l'aberration restée dans les lentilles après leur fabrication, qui est favorable aux
expériences délicates sur les *tests*-objets.

Fig. 34. — Cuve en lames de verre à faces parallèles contenant le liquide
monochrome.

M. Woodward, et ensuite M. Moitessier, ont, dans
leurs travaux photomicrographiques, fait usage d'une
cuve de lames de verre parallèles cimentées, écartées
d'environ 1 ou 2 centimètres, contenant une solution de sulfate de cuivre ammoniacal à 5 p. 100.
Ce liquide monochromatise la lumière avantageusement; il élimine les rayons inactifs, ne laisse parvenir
que ceux de l'extrémité violette du spectre, qui est la

plus énergique et donne une radiation brillante. Quoiqu'il laisse encore passer quelques rayons caloriques, néanmoins peu nuisibles, il est celui qui peut être regardé comme le meilleur.

La lumière polarisée a la propriété de fournir un éclairage variable suivant les différentes gammes de ton du spectre; elle arrive ainsi à modifier l'aspect des préparations; c'est ce qui a fait proposer à M. Bertsch d'appliquer dans le corps du microscope solaire photographique un système de polarisation chromatique, facilitant l'agrandissement des corps dont la transparence est trop prononcée et dont les couleurs sont inactives; il donne un champ homogène qui remplace la cuve à sulfate de cuivre, passant par tous les tons, depuis le rouge jusqu'au violet, et donnant par conséquent l'orange et le jaune. Quoique ceci ne soit pas indistinctement applicable à tous les corps, on réussira dans certaines circonstances appropriées, en prenant soin de faire valoir les tons les plus favorables qui peuvent, dans ce système, être dissemblables, tandis que la cuve à liquide monochrome donne une lumière toujours identique une fois réglée.

La réflexion à l'aide du prisme serait très-bonne, s'il était assez ample pour recevoir un faisceau solaire assez large qui répondît aux besoins photographiques; elle permettrait à la fois de ne fournir qu'une image unique de la lumière et de la transmettre avec énergie. M. Neyt, de Gand, s'est servi d'un prisme à mouvement parallactique, en y ajoutant un condensateur achromatique dont les rayons sont dirigés sur trois autres lentilles placées à une distance telle qu'elles peuvent être utilisées seules ou séparément.

En supposant qu'on voulût combiner l'éclairage prismatique avec le passage de la lumière à travers un liquide destiné à la monochromatiser, on emploierait un prisme de Steinheil : il est formé de trois glaces juxtaposées et soudées par la pression atmosphérique ; dans la capacité qu'elles renferment, on introduit tel liquide nécessaire.

D'après M. Woodward, l'éclairage transmis par la cuve au sulfate de cuivre est plus intense que celui du prisme. Il s'exprime ainsi dans le *Journal de la Société de micrographie de Londres* : « Il serait facile de remédier mécaniquement à la difficulté de manipulation du prisme ; mais, outre la déperdition de lumière à la surface, il en existe une autre définie résultant de son indice de réfraction, qui est directe en rapport de la distance. En conséquence, le prisme doit être placé à court intervalle de l'ouverture inférieure du condenseur achromatique, placé ici afin de donner une dispersion suffisante au rayon violet équivalent à l'éclairage homogène. Avec un grand prisme en flint, il faut une distance d'environ 8 pouces ; L'œil est satisfait du ton. Avec de fortes amplifications, l'éclairage est beaucoup plus faible qu'en faisant usage de la cuve; ceci est prouvé par une expérience comparative : les rayons solaires sont réfléchis par un miroir plan sur le prisme, lequel est placé près d'une ouverture percée dans le volet d'un cabinet noir. La disposition est faite en sorte que le rayon violet du spectre soit projeté dans un tube noirci ; à 8 pouces du prisme, la lumière violette était interceptée par une lentille concave, dont la monture était à l'extrémité du tube ; son but est d'augmenter la dispersion et d'accroître ainsi le temps d'exposition nécessaire pour produire une impression mieux caractérisée sur la glace sensible. En face de la glace, se trouvait une coulisse avec une ouverture, arrangée de telle façon que deux petites glaces pouvaient être exposées successivement ; le champ étant éclairé, l'une d'elles fut soumise à l'impression pendant vingt-cinq secondes, puis elle fut recouverte ; le prisme alors fut retiré et remplacé par la cuve à sulfate de cuivre, et l'incidence des rayons lumineux dirigée sur la lentille concave, comme précédemment. Une autre glace fut exposée encore pendant vingt-cinq secondes ; au développement, on remarquait que celle qui avait été impressionnée par les rayons transmis par la cuve était beaucoup plus foncée que sous l'influence de ceux du prisme. Il faut conclure que la cuve remplie d'une solution de sulfate de cuivre est plus avantageuse que ie prisme, à cause de la petite quantité de rayons étrangers qui sont transmis sans interférences.

Dans certaines dispositions de l'appareil comme dans celles du microscope inclinant adapté à la chambre noire, l'interposition de la cuve est généralement incommode; on est dans l'obligation de la placer entre le réflecteur et le porte-objet, endroit qui offre

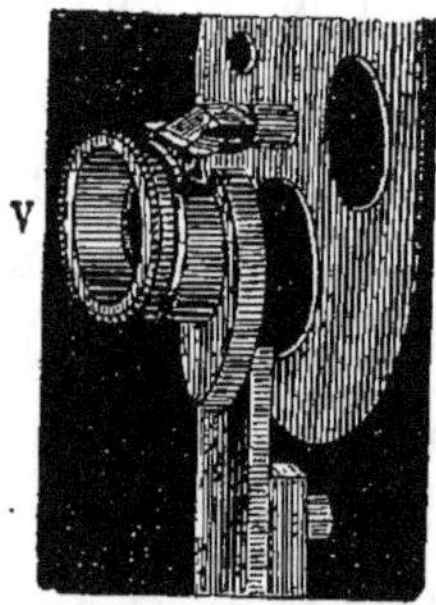

Fig. 35. — V. Verre bleu placé dans le trajet des rayons lumineux, pour corriger l'éclairage.

peu de latitude, surtout si les rayons solaires tombent suivant un angle d'incidence ouvert. On satisfera en grande partie aux exigences de la monochromatisation en lui substituant *un verre bleu cobalt très-pur*, monté sur une gaîne annulaire placée dans la pièce mobile de la coulisse ; ils se fabriquent par les lunettiers. Dans le cas où le mécanisme ne serait pas organisé pour le recevoir, on fixerait avec de la cire un morceau de ce verre sous la platine. Afin d'être

maître de varier l'intensité de la teinte bleu cobalt,
selon les circonstances, on possédera trois ou quatre de
ces verres ayant entre eux une graduation de coloration. On les montera séparément ou sur une charnière, de sorte qu'ils soient présentables successivement et distinctement, mais non pas recouverts les
uns par les autres. C'est un tort de croire qu'en agissant ainsi, avec plusieurs teintes claires, on formerait
une teinte foncée également bonne à un seul verre de
même valeur ; la superposition des différentes lames
apporterait une interversion nuisible dans la direction
des rayons éclairants.

Avec cette méthode, on élude l'interposition de la
cuve ; si la théorie n'est pas la même, nous pouvons
affirmer, par suite d'un long usage, que le verre bleu
cobalt mince donne de bons résultats dans la pratique;
l'interférence qu'il produit quelquefois n'est sensible
que dans certaines acceptions des forts grossissements.

Après avoir énoncé brièvement les éléments théoriques sur l'éclairage, il semblerait à celui qui entreprend
la photomicrographie que des obstacles multiples se
dressent devant ses débuts. Il est à remarquer que la
théorie se simplifie beaucoup d'elle-même quand on
a manié la réflexion de la lumière pendant quelque
temps avec un des systèmes précités. Cependant, celui
qui commence essayera la photographie sans mono-

chromatisation, pour se pénétrer des différences qui en résultent.

En comparant la valeur d'une épreuve éclairée directement, avec une autre prise dans des circonstances identiques, mais avec lumière homogène, il jugera, par lui-même, de la nécessité relative d'opérer ainsi.

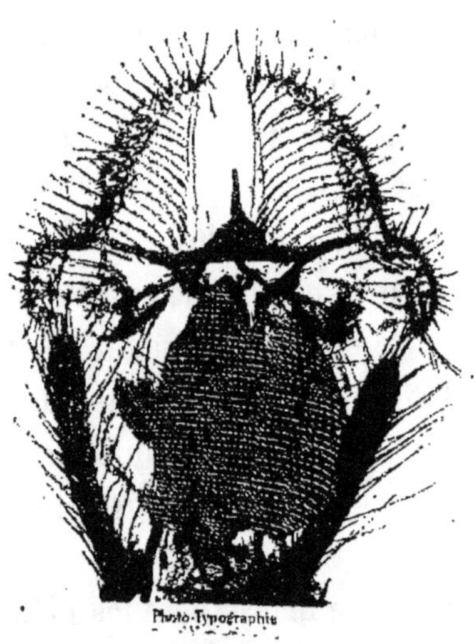

Fig. 36. — Bouche de mouche commune (*Musca domestica*).

IV

PROCÉDÉS OPÉRATOIRES

PHOTOGRAPHIQUES

NÉGATIFS AU COLLODION HUMIDE

Le procédé au collodion humide est le plus simple et le plus répandu; c'est celui qui convient le mieux pour obtenir des épreuves photomicrographiques.

Le *collodion* est une dissolution de coton soluble dans l'éther et l'alcool, auxquels on ajoute des iodures et des bromures. Le coton soluble est une substance variable et délicate de préparation; elle forme la base du collodion. Elle se prépare en immergeant du coton dans un mélange d'acide sulfurique et nitrique additionnés d'un peu d'eau. La température s'élève par la réaction des acides jusqu'à 65 ou 70 degrés ; il est ensuite lavé et séché.

Pour préparer le collodion, on forme un mélange d'éther et d'alcool dans lequel on introduit le coton divisé par touffes ; au bout de peu de temps, il est complétement dissous ; on ajoute ensuite les iodures et les bromures et l'on agite afin d'opérer une mixtion intime ; au bout de quelques jours, lorsqu'il est bien reposé, on le décante. Il subit en vieillissant diffé-rentes modifications dans sa qualité, qui le rendent plus ou moins propre à l'obtention d'un bon négatif.

Les formules de collodion sont variées à l'infini ; leur valeur dépend des agents nombreux qui entrent dans sa composition. Il faut choisir une formule con-venable et l'appliquer le plus intelligemment pos-sible :

Éther sulfurique (58°)	60 cent. cubes.
Alcool (94°).	40 —
Coton azotique	1 gr.
Iodure de cadmium.	0.5 —
— d'ammonium.	0.5 —
Bromure d'ammonium.	0.25 —

(Dr V. Monckhoven.)

On le conserve dans un endroit frais et obscur, dans des flacons complétement remplis, bouchés en liége. En été, par les fortes chaleurs, il est nécessaire de mettre plus d'alcool et moins d'éther ; en hiver, on agit en sens contraire. La manière dont l'extension se fait sur la glace est le guide dans cette appréciation.

Les iodures dans le collodion forment l'iodure d'argent, et les bromures neutralisent l'action chimique des couleurs ; les iodures tendent à l'épaissir. L'iodure de cadmium, le plus employé, donne de l'épaisseur à la couche, mais permet une longue conservation ; l'iodure de potassium donne de l'intensité au développement, mais n'étant soluble que dans l'eau et très-peu dans l'alcool et l'éther, il tend à désagréger le collodion ; aussi ne l'ajoute-t-on qu'en très-petite quantité ; l'iodure d'ammonium seul exclurait la conservation, mais il donne de la fluidité.

Pour étendre le collodion sur la glace, bien nettoyée préalablement et passée au blaireau, on la prend de la main gauche par l'angle supérieur gauche, et la tenant à peu près horizontalement, on verse dessus une certaine quantité plus considérable que pour la couvrir : imprimant un léger mouvement vers l'angle droit et inclinant davantage, toute la surface est couverte, et l'on recueille l'excédant dans un flacon. Elle ne doit être mise au bain d'argent que quelque temps après, quand sans être sèche, la couche a acquis une certaine consistance.

SENSIBILISATION

Le bain d'argent est ainsi composé : eau pure, 100 parties ; nitrate d'argent fondu blanc, 8 parties. Le mélange du nitrate d'argent avec l'eau lui donne une teinte laiteuse ; il est alors impropre à produire une bonne épreuve. Afin de le corriger, on l'expose en plein soleil dans une cuvette en porcelaine ; quand l'argent s'est précipité sous forme de matière boueuse et noirâtre, on l'en débarrasse par le filtrage après l'avoir rendu à son titre normal en rajoutant l'eau que l'évaporation aurait enlevée. Le bain se modifie avec l'usage ; il fonctionne mieux quand on y a immergé quelques glaces. Il diminue par absorption, l'éther et l'alcool du collodion y sont entraînés ; il se charge de matières étrangères. Vieux, il précipite de petits cristaux qui font des piqûres à la couche du collodion, et il produit un voile sur les négatifs ; le traitement par l'exposition au soleil le rectifie avantageusement. On propose quelquefois de l'aciduler avec une goutte d'acide nitrique pour éviter certaines réductions ; le degré d'acidulation est exact, quand le papier bleu de tournesol, laissé quelques secondes dans le bain, *rougit peu et lentement.* Cette précaution est inutile avec le développement à l'acide pyrogallique.

Le bain se conserve dans un flacon bleu ou jaune à
large ouverture bouché à l'émeri, pour donner la faculté de placer dessus un entonnoir, au fond duquel on
a tassé une petite touffe de coton imprégnée d'alcool ;
cet entonnoir est spécial au filtrage des solutions ar-
gentifères. Souvent on vérifiera si la densité est normale ; on s'en assure au moyen d'un pèse-nitrate, que
l'on plonge dans le liquide ; quoique cette méthode
ne soit pas rigoureusement exacte, à cause de l'addition forcée d'alcool et d'éther, elle est néanmoins suffisante dans la pratique journalière. Il est préférable
d'employer une cuvette horizontale plutôt qu'une cuvette verticale ; la concentration est moins prononcée
et l'on n'entraîne pas les impuretés de la surface en y
abandonnant la glace, qui est rapidement recouverte
de la nappe du liquide, si l'on évite un temps d'arrêt.
La quantité de bain nécessaire est moindre dans une
cuvette horizontale.

Au bout de quelques secondes, on soulève la glace,
qui a déjà pris une teinte mate blanchâtre, en se servant d'un crochet d'argent, jusqu'à ce que les taches
huileuses disparaissent ; elles indiquent que la sensibilisation n'est pas terminée. La glace pourrait rester
plus longtemps au bain, mais les impuretés tenues en
suspension sont portées à se déposer sur la couche de
collodion, et de plus une partie de l'iodure tend à
être absorbée. Donc, aussitôt qu'elle présentera une

surface bien imprégnée et laissant couler complétement le liquide, elle sera prête, et placée dans le châssis négatif pour être exposée à la chambre noire.

MISE AU FOYER

Ayant définitivement choisi l'endroit de la préparation qui est le plus propre à être reproduit, on procède à la mise au foyer, bien entendu avant que la glace ait été sensibilisée. C'est une opération assez subtile, qui réclame du soin et de la précision, pour ne pas mettre au point dans l'intérieur ou derrière, mais bien sur la surface même. Considérons trois plans principaux imaginaires : le premier passant au niveau de la surface supposée plane ; le second situé à l'intérieur du sujet translucide, et le troisième placé derrière, étant le plus éloigné de l'objectif. Le choix doit inévitablement se porter sur le premier, seul capable de fournir une bonne image.

Quand il s'agira de préparations délicates pour lesquelles on fait usage d'un objectif à court foyer, il y aura toute nécessité de se servir d'un instrument muni d'une vis micrométrique très-fine ; le mouvement du tube à frottement doux employé seul est insuffisant. Ensuite, en manœuvrant la vis de la main droite, la tête cachée sous le voile et regardant le verre

dépoli, on prendra des précautions pour ne pas exercer une compression inattentive sur le verre de recouvrement de la préparation ; s'il se brisait, elle serait,
perdue, ou s'il résistait, la lentille frontale de l'objectif
pourrait être détériorée, elle serait rayée par le frottement du verre. Dans certains instruments, une disposition de ressort à boudin permet à l'objectif de re-
monter automatiquement en cas de compression. S'il
était à correction et à immersion, il faudrait préalablement l'avoir corrigé avec l'oculaire sur la préparation
même et déposer la goutte d'eau avant de mettre au
foyer:

Il s'agit de trouver sur le sujet préparé l'endroit le
plus convenable ; ceci est quelquefois incommode avec
de forts grossissements. On a inventé, particulière-

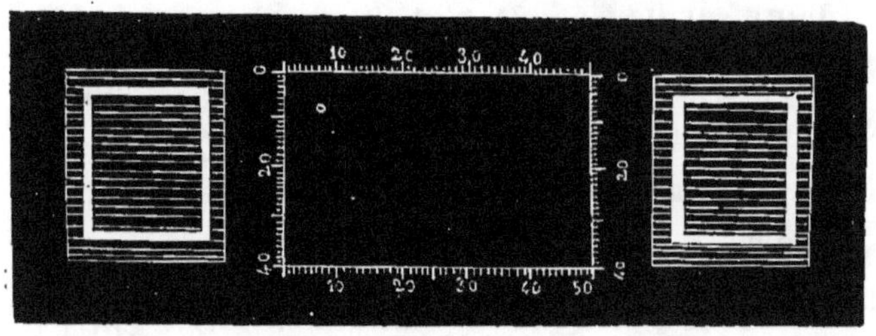

Fig. 37. — Porte-objet avec échelle graduée pour trouver un point
déterminé d'une préparation.

ment en Angleterre, d'ingénieux accessoires indica-
teurs, dont l'emploi ne vaut pas l'habitude et la sécurité de la main, car, avec un peu de patience, fût-ce

avec un très-fort grossissement, on arrive à choisir rapidement le point avantageux.

L'image sera régulièrement mise en cadre, occupant autant que possible la complète surface de la glace. Il est désirable que le soleil soit du côté gauche quand on emploie le microscope adapté à la chambre noire, afin que l'éclairage ne soit pas gêné par la main droite, qui règle la préparation et la mise au point ; en passant devant le miroir, elle produirait inévitablement un arrêt dans la transmission des rayons solaires. On aura les yeux très-près de l'écran récepteur. Une vue myope s'en accommode, mais si elle n'est pas perçante, on emploie une loupe d'horloger, un oculaire fort, ou la loupe dont les photographes se servent communément, qui se place contre le verre dépoli pour vérifier la netteté de l'image. Sur un écran fait avec du papier tendu, on n'aurait pas l'avantage de se servir de la loupe, elle empêcherait la projection d'avoir lieu. On ne mettra pas au foyer au point central, la surface de netteté serait trop limitée à cet endroit ; on tâtonnera une zone annulaire mixte entre le centre et la périphérie.

Avec un grossissement faible et l'admission abondante de la lumière, la clarté trop vive est à éviter ; elle fatiguerait l'organe visuel, même après passage dans un milieu qui la modifie. Étant pendant quelque temps à la recherche d'une bonne mise au point, il

serait dangereux de le faire avec une intensité inconsidérée, et cela surtout quand on est obligé d'être dans
les alternatives de clarté et d'obscurité successives

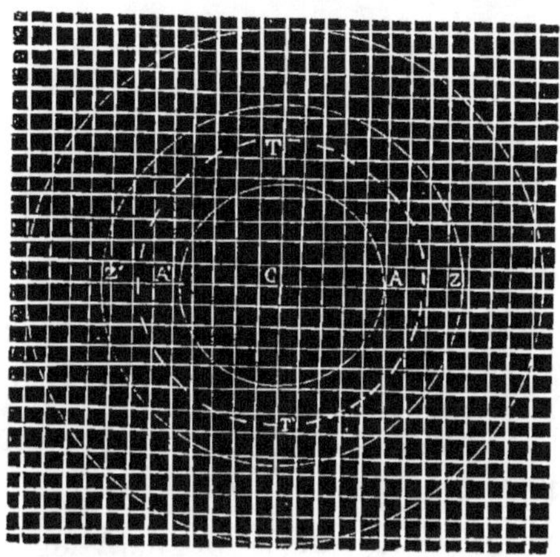

Fig. 38. — Réseau quadrillé figuratif de la manière de mettre au foyer
C centre, — A, A' cercle net, — Z, Z' zone où la netteté commence à
disparaître, — T, T' zone annulaire sur laquelle doit s'arrêter la mise
au foyer compensée.

que commandent les manipulations photographiques.

Une fois que tout est arrêté, on interpose sur le
trajet des rayons lumineux une feuille de carton, qui
empêche un échauffement prolongé et inutile pendant
qu'on est retenu par les opérations de la sensibilisation. Lorsqu'on apporte la glace préparée, la feuille
de carton sert encore à régler l'admission et la sup-
pression de la lumière à volonté, sans occasionner aucun dérangement ni vibration dans l'ensemble de
l'appareil. Les opérations demandent à être exécutées

rapidement, afin de n'être pas surpris par le mouvement du soleil, sans toutefois confondre l'agilité avec
la précipitation intempestive.

POSE

S'il est impossible pour la photographie ordinaire
de formuler une appréciation sur la durée du temps
de pose, cette détermination est encore plus problématique pour la photomicrographie, où les causes qui
la régissent sont multiples et complexes. Elle est soumise au diamètre des objectifs, car le champ est
d'autant moins éclairé que la longueur focale est augmentée ; elle est encore relative à la distance de l'é-
cran, à la nature de l'objet, à la surface de réflexion,
au condensateur, aux moyens correctifs et homogé-
néifiants de la lumière. Elle peut donc être variable
depuis l'instantanéité jusqu'à plusieurs minutes ; seul,
l'opérateur, avec sa propre expérience et la pratique
constante, est juge de cette question.

Il tiendra un juste milieu, se gardant bien de tomber dans un excès de trop ou de trop peu. Si l'on pose
trop, l'épreuve sera voilée ou elle prendra un ton so-
larisé qui empêchera que les oppositions soient bien
gardées, condition essentielle pour produire une belle
photographie. Si l'on ne dispose que d'une faible lu-

mière, comme c'est le cas avec les objectifs très-forts ou avec la lumière diffuse, on posera plus longtemps, sans toutefois laisser la couche sensible s'altérer ; avec le procédé humide, on ne dépassera pas trois minutes, à moins qu'on mette quelques gouttes de glycérine dans le bain d'argent, ce qui retarde le commencement de la dessiccation. En se servant du procédé sec, on aura tout le loisir désirable. Mais on ne présumera pas qu'avec un éclairage très-peu intense, donnant à peine une image formée, on puisse arriver, en exagérant l'exposition, à obtenir une épreuve passable ; les détails ne ressortiraient pas, l'image serait empâtée, car il est avéré qu'il y a toute importance que la lumière pénètre la préparation intégralement. En sachant combiner la pose à la demande, en favorisant tel degré d'intensité, on contribuera beaucoup à modifier les défauts d'opacité ou de grande transparence.

Il arrive qu'en opérant par un ciel clair, mais parsemé de nuages légers, ils passent devant le soleil au moment même de la pose ; si la glace ne peut attendre qu'un temps limité, le nuage étant fort, elle est irrévocablement perdue, à moins qu'on ne la remette de suite au bain. En regardant la direction du vent, on prévoira les éclaircies autant que possible, et l'on veillera au moment propice pour exposer la glace ; c'est pourquoi on ne se mettra à l'ouvrage que par un temps sûr. Si l'appareil entier ou l'héliostat seul

étaient extérieurement exposés au vent, on s'arrange-
rait pour éviter les vibrations.

Le temps de pose généralement se mesure mentale-
ment ; un peu d'habitude est préférable à un moyen
que l'on croit mathématique, parce qu'il résulte d'un
instrument exact ; on est plus sujet à une fausse appréciation qu'avec l'habitude du jugement. Cependant, pour une indication précise, on emploierait une
montre à secondes, ou un métronome, ou plus simplement un pendule composé d'une balle de plomb
au bout d'un fil. Étant dans l'incertitude, on com-
mencera par un temps très-court, puis on arrive graduellement à mieux apprécier. Le développement sera
le guide que l'on consultera.

DÉVELOPPEMENT

Le développement décide de la valeur du négatif ; il
est le résumé de l'art du photographe. Il faut qu'il
possède une expérience consommée pour faire apparaître l'image latente renfermée dans la texture sensible du collodion, de façon à bien rendre le sujet.
Considéré sous le rapport uniquement scientifique, ses
exigences sont tout autres que pour la photographie
artistique ; il réclame autant de soin, mais il ne s'agit
pas de produire une image harmonieuse de tons et

d'un effet pittoresque plus ou moins accentué ; on doit se proposer d'exprimer avec correctitude le sujet microscopique. Un négatif heurté d'un portrait ou d'un paysage déplairait à l'œil ; ici, la dureté n'est pas aussi nuisible, pourvu qu'il y ait de la clarté : une épreuve forcée fait mieux ressortir tous les petits détails, qui, avec une intensité moyenne, seraient inappréciables. Donc, on s'efforcera d'obtenir des oppositions bien tranchées, d'éviter les aspects ternes et gris, pour faire nettement ressortir les reliefs principaux sur un fond blanc ou noir, selon l'occasion. Comme on dispose par différentes combinaisons d'une source de lumière assez intense, il est possible presque toujours d'avoir un négatif suffisamment impressionné, pour n'être pas forcé de recourir aux procédés très-sensibles. C'est pour cela qu'il est convenable de développer à l'acide pyrogallique, de préférence au sulfate de fer ; on élude ainsi le renforcement, dont on ne sera que partisan modéré. Connaissant difficilement quel a été l'impressionnement, à cause de l'inégalité de la réflexion de la lumière, on conduit avec plus de sécurité la venue du négatif avec l'action lente de l'acide pyrogallique ; chaque sujet est ainsi mieux traité comme il lui convient. Quelquefois même l'impressionnement a été assez vif pour que la révélation de l'image soit soudaine ; c'est pour cela qu'il est utile d'avoir sous la main un flacon laveur tout prêt.

Le sulfate de fer versé en nappe uniforme fait apparaître l'image plus rapidement; il n'exige qu'une pose courte, donne une certaine finesse et de la douceur dans les noirs; mais il joint à ces avantages le défaut de ne pouvoir donner le plus souvent une intensité suffisante, ce qui oblige à un renforcement subséquent. Si l'impression est exagérée, le développement est très-rapide, il prend une teinte rougeâtre qui rend le négatif impropre au tirage positif; si, au contraire, elle a été trop courte, l'apparition se manifeste lentement, les demi-teintes ne viennent pas; c'est le terme moyen qu'il faut saisir. Le sulfate de fer, additionné d'une matière organique telle que la gélatine, a prouvé qu'il donnait des épreuves plus brillantes, probablement parce que la viscosité produite par la matière organique ralentit et modifie la précipitation de l'argent. La proportion est d'environ 3 grammes de gélatine pour 1 litre de réducteur. La solution de sulfate de fer devient rouge au contact de l'air, mais ne perd pas ses qualités; celle d'acide pyrogallique s'altère sous l'influence de l'oxygène de l'air qu'elle s'assimile.

Le renforcement a lieu soit immédiatement, soit après le fixage; l'avantage du second moment existe dans la faculté d'opérer en pleine lumière après fixage au cyanure de potassium. On se sert, soit d'acide pyrogallique additionné de quelques gouttes de liquide argentifère acidulé, soit d'une solution de bichlorure de mercure.

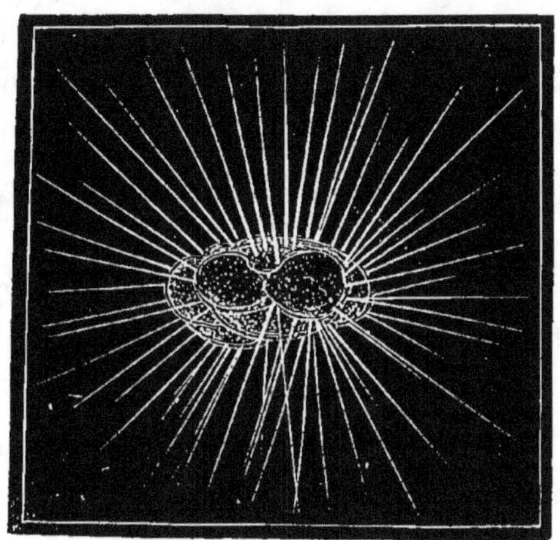

Fig. 39. — Effet de l'image **négative** obtenue photographiquement.
(Foraminifère, *Rosalina globularis*.)

FIXAGE ET FINISSAGE

Le développement terminé, le négatif est lavé, on donne du jour dans le laboratoire pour mieux juger les opérations ; la couche sensible peut le supporter. Comme l'action du réducteur n'enlève pas l'iodure d'argent non impressionné, on emploie un désiodurant, soit l'hyposulfite de soude, soit le cyanure de potassium. Ce dernier, dans la proportion de 10 grammes pour 1 litre d'eau, enlève rapidement l'iodure ;

6.

mais, dans une trop forte proportion, il rongerait trop l'image. Il a l'avantage d'être lavé très-facilement sans abondance d'eau. Comme il s'altère à l'air, il ne doit pas, en conséquence, être préparé longtemps d'avance. On se prémunira contre son action toxique très-subtile; une simple coupure aux doigts en prohibe l'usage. Sans cela on s'exposerait à de terribles conséquences.

L'hyposulfite de soude le remplace très-avantageusement. Ce qui fait souvent préférer le cyanure, c'est la facilité qu'il présente pour le renforcement après fixage; l'hyposulfite est dissous à concentration dans un flacon et versé sur la glace, ou il repose dans une cuvette où elle est plongée.

Le négatif lavé et égoutté est ensuite revêtu d'une couche de gomme arabique en solution épaisse, pour qu'il puisse résister au frottement pendant le tirage. S'il n'est pas destiné à fournir un grand nombre d'épreuves, la gomme est préférable, étant plus facile à répandre sur la glace que le vernis; de plus, elle peut supporter la forte chaleur du soleil en cas de tirage d'un négatif dur, comme c'est souvent le cas dans les épreuves photomicrographiques, tandis que le vernis, même de bonne qualité, adhère au papier positif. Le meilleur vernis résineux est celui qui est dans le commerce sous le nom de vernis Schœnée; pour l'appliquer, on chauffe légèrement la glace sur la lampe à alcool, et on le répand de même que le collodion ; ensuite on réchauffe légèrement, ayant soin qu'il ne s'enflamme pas. On peut aussi faire un très-bon vernis composé de 100 grammes de gomme laque blanche, dissoute dans un litre d'alcool à 40°, chauffé légèrement dans un ballon ; après, on filtre au coton.

Les négatifs sont conservés dans des boîtes à glace avec rainures, ou même s'ils sont bien vernis, ils peuvent être mis les uns sur les autres avec une feuille de papier intermédiaire. Afin de donner à l'épreuve positive un cachet de plus grande propreté, on découpera la couche de collodion gommée, soit en rond avec un calibre, soit carré, en se servant d'une pointe épaisse circonscrivant le pourtour ; puis, avec un linge mouillé, on enlève légèrement l'excédant. Cette méthode a l'avantage de mieux faire ressortir le sujet microscopique sur l'épreuve positive, où il se trouve ainsi encadré en noir.

TIRAGE POSITIF

Le négatif obtenu est propre à reproduire un nombre illimité d'épreuves positives sur papier, où les blancs deviennent noirs, et réciproquement les noirs deviennent blancs, en le laissant passer par une série d'opérations différentes.

Le papier a besoin d'être d'une qualité supérieure pour produire les détails avec finesse et résister à l'action prolongée des bains et lavages. Les papiers de Saxe et de Rives sont généralement les plus communément adoptés. La feuille est mise à flotter sur une dissolution d'albumine iodurée et de sel marin (chlorure de sodium) ; comme elle contient en dissolution ce sel, lorsqu'elle est mise en contact avec le nitrate d'argent, elle le transforme par double décomposition en chlorure d'argent impressionnable à la lumière. L'albumine a pour résultat de donner un aspect brillant et de rectifier la surface du papier en bouchant les pores et égalisant la contexture, condition nécessaire pour la finesse des épreuves microscopiques. On trouve dans le commerce du papier albuminé préparé, ce qui évite une série d'opérations longues et délicates qui ne peuvent être bien conduites que sur une grande échelle.

Le papier est mis à flotter du côté albuminé sur le bain positif sensibilisateur pendant trois ou quatre minutes. Il est composé d'environ 15 grammes de nitrate d'argent fondu pour 100 grammes d'eau. Le papier se pose doucement en faisant saillir le milieu de la feuille et en abaissant ensuite les extrémités, de façon à éviter d'emprisonner des bulles d'air qui, par leur interposition, font sur le papier des taches blanches sans remède ; on le retire en soulevant un angle *très-lentement*, afin que la capillarité entraîne tout le liquide superficiel ; il sèche ainsi plus promptement, et aucune goutte du bain n'est perdue, quand, ensuite, on le met sécher par suspension à l'abri de la lumière, au moyen de pinces américaines enfilées dans une corde tendue. Une fois complétement sec, il ne faut pas attendre pour en faire usage ; il jaunit rapidement ; par conséquent, on n'en préparera que juste la quantité nécessaire pour le travail de la journée.

Le négatif est placé dans le châssis à reproduction, sur le côté non collodionné ; le papier sensible repose directement sur la couche qui renferme l'image négative, puis recouvert d'une feuille de papier épais pour donner une pression uniforme, les volets replacés par-dessus et serrés. Ainsi préparé, il est exposé, soit en plein soleil, soit à la lumière diffuse, selon l'intensité du cliché. Le papier prend rapidement dans les blancs plusieurs teintes qui passent graduellement du bleu gris pâle jusqu'au noir métallique. On surveille les progrès en levant alternativement les volets du châssis ; on laisse un peu les demi-teintes se forcer, les bains qui suivent enlèveront toujours l'excès de vigueur.

Au sortir du châssis, l'épreuve est plongée dans une cuvette remplie d'eau pendant quelques minutes, où elle abandonne le chlorure d'argent en excès. De là, elle est mise dans un bain de virage ainsi composé : eau, 1 litre; chlorure d'or, 1 gramme; phosphate de soude, 20 grammes. Le ton rouge désagréable disparaît pour faire place à une couleur noire violacée dont la force est réglée au goût de l'opérateur par un séjour plus ou moins prolongé dans le bain, mais en tenant compte du *dévirage* qui aura lieu dans le bain de fixage. Après avoir été passée à l'eau pendant quelques minutes, elle est immergée dans le bain fixateur, composé de 300 grammes d'hyposulfite de soude pour 1 litre d'eau. Elle perd rapidement une partie de la teinte précédemment acquise, si le virage n'a pas été poussé trop loin. Quand même il le serait suffisamment, une légère réaction se produit toujours; mais la teinte noire violacée revient plus tard, quand elle est séchée. Le séjour dans le bain d'hyposulfite doit être court, trois ou quatre minutes suffisent à peu près, car il ronge les demi-teintes et s'incorpore facilement dans la texture du papier. Le bain sera neuf et n'aura pas servi à un trop grand nombre d'épreuves.

L'hyposulfite de soude pénètre très-intimement le papier; si ce sel et les autres, à l'influence desquels il a été soumis, n'étaient pas complétement expulsés par d'abondants lavages subséquents, ils nuiraient à la solidité de l'épreuve, qui jaunirait et s'altérerait gravement sous l'effet de l'air et de la lumière. C'est

pourquoi on l'abandonne pendant assez longtemps
dans des cuvettes profondes remplies d'eau ou dans
un seau dont l'eau est plusieurs fois renouvelée,
en ayant soin que le papier ne soit pas froissé, mais
qu'il flotte librement. Un moyen avantageux par sa
simplicité consiste à les mettre dans une grande cuvette placée sous le filet d'eau du robinet d'une fon-
taine, que l'on laisse couler doucement pendant quelques heures. Le renouvellement constant de l'eau
entraîne les traces de sels. On juge de la perfection
du lavage en appliquant la langue sur l'épreuve. Si
elle ne provoque pas une saveur sucrée, elle est dé-
barrassée des principes destructibles. Ensuite on les
retire de l'eau pour les étendre sur des feuilles de
papier buvard, ou mieux sur un grand linge étendu
sur une table un peu inclinée ; la dessiccation est plus
rapide. Pour éviter l'enroulage du côté albuminé, on
les place entre les feuillets d'un livre ou dans un
carton.

Enfin on les découpe avec un canif et une règle, ou
un calibre en glace sur une planche de bois tendre ;
puis on les colle avec une solution de gomme arabique épaisse sur une feuille de papier Bristol.

Le tirage positif aux sels d'argent est celui qui est
préférable pour les épreuves microscopiques, à cause
de la finesse qu'il donne et des demi-teintes qu'il traduit exactement. Cependant on tirera encore un parti

avantageux des procédés qui ont d'autres sels pour base ; non compris leurs propriétés particulières, ils rendent quelquefois par leur couleur naturelle mieux

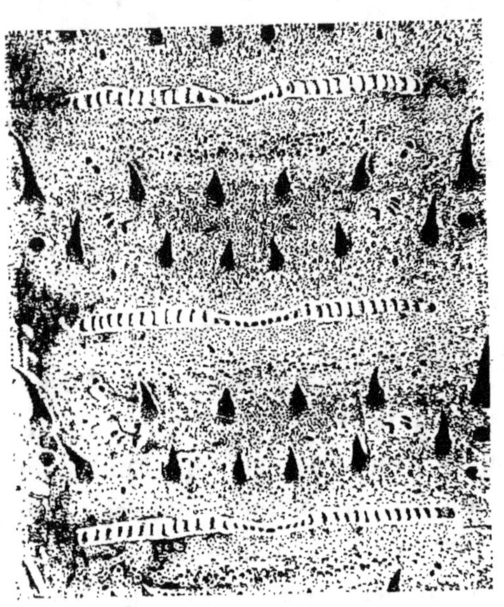

Fig. 40. — Épiderme d'une larve de Tipule.

l'aspect monochrome de certaines préparations, telles que les coupes de bois, les détails d'anatomie qui ont une coloration propre. Au nombre des procédés multipliés qui ont été étudiés, sans être implantés dans le domaine de la pratique, le tirage au *charbon* est un de ceux qui éludent la détérioration chimique inhérente aux papiers imprégnés de sels d'argent, mais il produit des épreuves un peu noires. On enduit une feuille de papier à grain très-fin et albuminé, d'une mixtion charbonnée, sensibilisée ensuite sur un bain de bichromate de potasse gélatiné ; après exposition à la lumière, on termine par le fixage, qui consiste à l'immerger dans une solution d'alun.

L'héliogravure est encore appelée à rendre plus de services pratiques dans la typographie ; mais la difficulté que l'on rencontre à rendre les demi-teintes en restreint beaucoup l'application. Les spécimens qui se trouvent intercalés dans le texte sont faits directement d'après nos clichés photographiques. Nous avons aussi dessiné les figures des sujets microscopiques d'après des épreuves photographiques.

PROCÉDÉ AU COLLODION SEC

Le moyen qui consiste à produire un négatif par le collodion humide, tel qu'il vient d'être décrit, est indubitablement le plus simple et celui qui convient le mieux aux manipulations photomicrographiques. Cependant s'il a l'intention de répondre à quelques convenances exceptionnelles, pour les poses prolongées, pour faciliter les travaux de laboratoire, il est nécessaire que l'opérateur y soit initié.

Les divers procédés au collodion sec se résument à

procurer à la couche impressionnable, par un agent chimique préservateur, une longue durée de sensibilité, incompatible avec le collodion humide employé aussitôt prêt. Les solutions préservatrices sont très-nombreuses ; les principales sont : le tannin, le café, la raisine, le thé, et l'albumine sur le collodion (procédé Taupenot).

On étend le collodion comme précédemment, et l'on sensibilise dans un bain d'argent de titrage égal, mais un peu acidulé. La glace égouttée est ensuite lavée pour enlever le nitrate d'argent en excès ; de ce lavage dépend une partie de la réussite. On a plusieurs cuvettes dans lesquelles on fait successivement passer la glace jusqu'à ce que l'eau n'en contienne plus de traces ; suivant la texture du collodion , le lavage est plus ou moins long. On verse ensuite la solution pré-servatrice dans les proportions reconnues les plus· avantageuses, car elles sont très-variables, et on laisse sécher la glace sur l'égouttoir à l'abri de toute lumière actinique. Enfin elle est placée dans les cartons-châs-sis conservateurs.

La durée de conservation de la sensibilité est en relation avec des motifs tellement complexes, qu'elle est inappréciable ; aussi est-il préferable d'en faire usage aussitôt possible. Cette considération s'applique également à l'exposition à la chambre noire, avec cette seule notion que la durée est quatre à cinq fois plus longue qu'au collodion humidé.

Pour développer, on rince d'abord la couche avec le flacon laveur, de sorte qu'étant uniformément humectée, le révélateur s'étendra régulièrement dessus. On compose les deux solutions suivantes.

Eau. . . . .   100 cent. cuves
Alcool.   10   —
Acide pyrogallique . . . .   1 gramme.

Eau. . . . .   100 cent. cubes.
Nitrate d'argent. . . . .   10 grammes
Acide citrique ou acétique. . .   15 cent. cubes.

On mélange l'une avec l'autre, en prenant une plus grande quantité d'acide pyrogallique ; il est de toute importance qu'elles ne se troublent pas mutuellement ; si le liquide devenait bourbeux, il faudrait apporter plus de circonspection à la composition de chacune des deux solutions. Généralement ce défaut se manifeste quand la dose d'acide est trop faible. En versant le révélateur sur la glace, l'image apparaît bientôt avec lenteur ; on règle sa venue, suivant la manifestation première ; plus elle sera développée lentement, plus on pourra mieux étudier le point précis d'arrêt. Quand la réduction est régulière, le révélateur prend une belle couleur rouge orangé. Comme la couche a une tendance marquée à se soulever, si le collodion est de qualité inférieure, les lavages qui terminent seront pratiqués avec douceur. Le fixage se fait à l'hyposulfite de soude, et le négatif se finit comme dans le procédé au collodion humide.

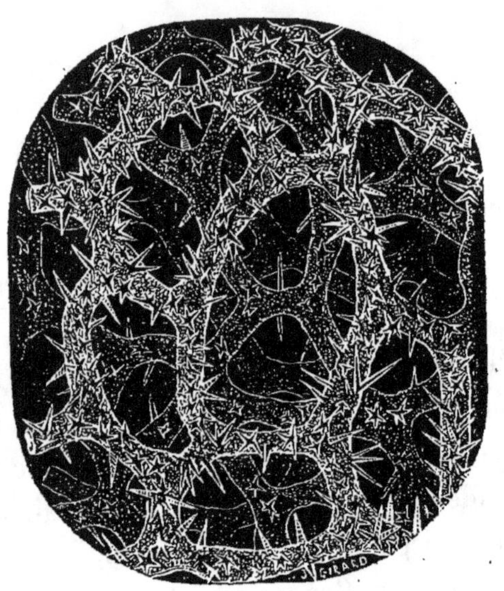

Fig. 41. — Coupe d'éponge montrant les ramifications couvertes des *spicules*.

V

GROSSISSEMENT

La combinaison lenticulaire du microscope a pour objet de fournir une image amplifiée des objets que nos facultés visuelles sont incapables de percevoir. La puissance moyenne de l'œil humain, étant un terme de comparaison générale, forme une unité-type, au-dessus et au-dessous de laquelle les lentilles concaves ou convexes peuvent porter la vision ; car l'œil est en quelque sorte une chambre noire munie d'une lentille composée, consistant en plusieurs parties. Pour étudier un sujet avec le microscope, qui supplée à la constitution naturelle de l'appareil de la vision, il est nécessaire de le voir suffisamment pour comprendre les petitesses qui échappent à l'œil nu.

Les personnes peu familières avec la micrographie attachent une importance inconsidérée à l'usage exagéré des limites extrêmes du grossissement que la combinaison du microscope est susceptible d'atteindre. Le secret d'une bonne observation est d'obtenir une perception qui fasse bien comprendre la structure d'un corps. L'instrument est incapable de faire discerner ce qui n'existe pas réellement ; quand on voit bien, on a plus de facilité pour établir une déduction logique des faits. La plupart des erreurs d'interprétation proviennent de ce que l'on a voulu outre-passer le pouvoir du microscope, en relation avec la nature de la préparation ; car la puissance de la combinaison optique est un rapport des dimensions des détails aperçus avec son secours, aux détails semblables que l'on distingue à l'œil nu. Le degré de pénétration varie d'un individu à un autre, mais l'œil plus faible, qui les distingue imparfaitement, ne verra pas mieux leur image.

CHOIX RELATIF DU GROSSISSEMENT

Avant de produire une épreuve photographique, il est d'une haute importance de choisir avec réflexion sous quel grossissement elle sera représentée d'une façon intelligible à tous égards. Avant tout, il faut obtenir une image très-nette. Or la netteté étant en raison inverse du grossissement : ce qu'on gagne d'une part, on le perd de l'autre. *Comme il est variable suivant la nature du sujet, il faudra toujours le régler relativement.* Sans néanmoins arriver à compromettre les qualités de finesse et de précision, on poussera cependant le grossissement, jusqu'à ce point, qui seul est fixé par le tâtonnement, où on est entre l'intermédiaire de la limite extrême, et de la nécessité de faire ressortir les finesses de la complexion d'un sujet ; trop loin, les détails deviendraient douteux et insignifiants, plus près, on ne comprendrait pas suffisamment. S'il est possible, dans les observations microscopiques faites avec l'oculaire, de transiger un peu avec la netteté, parce que le jugement lui vient en aide, la photographie ne peut admettre aucune transaction ; l'opérateur doit nécessairement rester inflexible ; car elle est encore altérée par les défectuosités matérielles, et notamment dans les opérations du tirage positif. Il est cependant à remarquer que certains tissus d'une grande finesse demeurent invisibles dans une épreuve, quand plus tard ils sont susceptibles de se développer dans une autre avec le même grossissement, si l'on a apporté un soin plus scrupuleux à l'éclairage, au développement, à la mise au foyer.

Chaque catégorie d'étude micrographique a besoin d'une amplification appropriée à laquelle on doit s'arrêter ; on la reconnaît facilement par le simple fait de la satisfaction de la vue et de l'intelligence du sujet. « La photographie rend de véritables services aux sciences naturelles, même en se bornant à de faibles grossissements, car une image, prise à une base de cône très-large par rapport à l'éloignement de l'écran, ne donne pas plus de détails que celle prise au sommet du cône ; il suffit que l'on puisse facilement les apprécier, autrement ce serait de la *fantasmagorie*. » (A. de Brébisson.) Comme certains corps admettent une grande latitude, il est quelquefois nécessaire, avant de s'arrêter à un grossissement déterminé, de prendre plusieurs négatifs pour juger avec de plus nombreux termes de comparaisons, quel est celui qui fera mieux valoir l'objet à reproduire. Dans certaines conditions, on aura un avantage réel, pour faire bien comprendre une étude, à établir une graduation ascendante en plusieurs épreuves ; ces documents comparatifs sont très-instructifs pour inculquer de justes notions sur un enchaînement d'un même ordre d'idées. Ainsi, on facilite beaucoup une dissertation, quand on met sous les yeux de ses auditeurs les différents états successifs d'une même formation, ou les développements combinés entre eux.

Fig. 42. — Anguillules de la colle de pâte représentées sous des grossissements variés, pour mettre en évidence les degrés de formation.

En général, plus un sujet est délicat, plus on a de liberté dans l'amplification, qui du reste devient plus nécessaire. Comme, en photographie, on est astreint à produire une image d'une égale valeur dans toute son étendue, on n'est pas aussi libre que dans les observations où, quand on l'examine, la main constamment placée sur le mouvement qui rapproche ou éloigne l'objectif, en le faisant jouer incessamment pour mettre en vue tous les plans qu'il comporte. La

7.

photographie ne donne nettement qu'un plan unique pour chaque épreuve. De là provient la grande difficulté de mettre au foyer les corps en relief. Alors, dans l'intention d'être favorable à la netteté générale, la photographie est obligé de réduire notablement les dimensions qu'elle pourrait donner à l'épreuve ; c'est un subterfuge basé sur la disparition ou mieux sur l'atténuation des parties situées sur différents plans, défectueux pour les exigences de la photographie. C'est dans ces circonstances que le dessin y est substitué avec tout avantage.

Quoique l'amplification soit le résultat de la combinaison de la puissance de l'objectif, relativement à la distance où est situé l'écran récepteur de la chambre noire, ou de la force de l'oculaire quand il s'agit d'image virtuelle, il serait faux de croire, qu'ayant ces deux éléments à sa disposition, on ait en eux des agents susceptibles d'être mis en rapport dans des proportions fantaisistes. Il existe une limite et une relation dépendantes l'une de l'autre. La distance exagérée où est situé l'écran ne peut pas suppléer la puissance lenticulaire, car le diamètre des lentilles ne va pas en croissant dans le rapport de leur longueur focale. Lorsqu'on allonge cette distance, on étend le champ de projection, l'image s'accroît et occupe une plus grande surface ; mais en même temps, les rayons tendent à s'intervertir par la résistance qu'ils éprouvent à passer à travers les molécules en suspension dans l'air, d'où il résulte une déformation de l'image formée par l'objectif, et elle est d'autant plus grande, qu'elle est plus éloignée de ce dernier. En supposant que l'on puisse opérer dans le vide, ce défaut serait annulé; c'est à cette fin qu'a été inventé pour le microscope d'observation l'oculaire holostérique, consistant en un seul cône de verre, dans lequel les rayons sont moins intervertis. Sans assigner aucune limite, nous regardons cependant l'allongement de deux mètres environ, comme étant le *maximum* à donner à une chambre noire; il est subordonné dans son application à la surface de l'écran que l'on veut couvrir, en faisant ressortir plus ou moins les détails secondaires. On comprendra facilement que les dimensions sont proportionnelles au diamètre des objectifs employés : quand ils sont forts, l'image projetée occupe une petite partie de l'écran, tandis que le contraire a lieu avec les objectifs faibles.

MESURES MICROMÉTRIQUES ET DÉTERMINATION DES GROSSISSEMENTS

Le grossissement linéaire se mesure par le rapport des deux dimensions homologues de l'image agrandie et de l'objet. Pour cela, on emploie un *micromètre,* consistant en une lame de verre sur laquelle sont tracés des traits équidistants très-rapprochés ; ils contiennent une merveilleuse subdivision de la mesure métrique, redivisée en fractions. Ainsi on prend un millimètre, gradué sur verre en 50, 100, et même davantage. Une pointe de diamant, montée mécaniquement, grave les traits de chaque division avec plus d'accentuation pour les dizaines. Il se place sous l'objectif ou s'introduit dans le tube du microscope, sous l'oculaire. Dans le premier cas, on place le micromètre

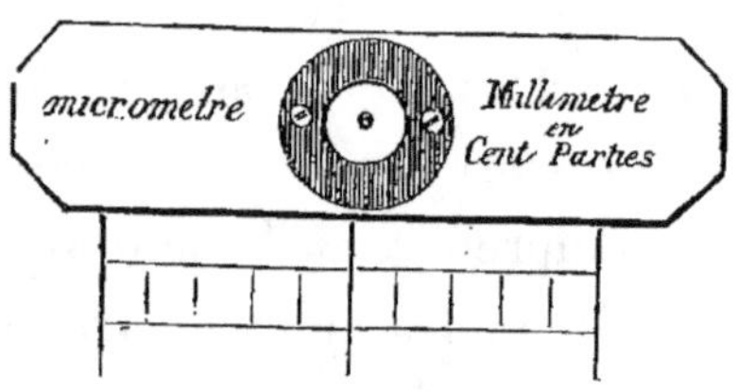

Fig. 43. — Micromètre objectif (avec un dixième de millimètre amplifié).

sur la platine, et l'on dispose à la même hauteur, à côté, une feuille de papier, sur laquelle on dessine à l'aide de la chambre claire les divisions micrométriques d'une part, et, de l'autre, sans rien changer, les contours de l'objet. Supposons que trois divisions du mètre, trois centimètres, soient couvertes par une division grossie du micromètre ; les divisions de ce dernier étant égales chacunes à un centième de millimètre, le grossissement linéaire sera exprimé par $\frac{3}{0\,0\,1} = 300$.

Dans le second cas, le micromètre est situé près de la lentille collective de l'oculaire ; la division et l'objet, au lieu d'être grossis également par l'ensemble de l'appareil dioptrique, ne le sont que par la faible lentille de l'oculaire : ils apparaissent à l'œil en même temps que l'image que l'on veut déterminer. Seulement, la valeur de cette mesure toute relative est subordonnée à certaines erreurs, qui n'existent pas avec l'emploi d'un micromètre-objectif, dont le seul inconvénient est d'exiger une opération un peu plus compliquée.

La méthode à employer en photomicrographie se rapproche notamment de celle en usage pour le microscope solaire ; elle est beaucoup plus simple et plus exacte, puisque l'on opère sur une image réelle projetée sur l'écran, au lieu d'une image virtuelle comme précédemment. On met au foyer un micromètre-objectif, dont on prend une épreuve, ou dont on trace les divisions amplifiées sur une bande de papier, pour plus tard comparer ces mesures avec l'image obtenue dans des conditions identiques, et établir la proportion numérique. Afin d'éviter de recommencer à chaque fois le même travail, on pourra établir une série de mesures proportionnelles, pour quelques distances locales, en constituant une table, qui sera ainsi faite une fois pour toutes. Ainsi, on prend sur la base de la chambre noire, ou sur une règle fixe, trois points principaux : l'un au plus près de l'objectif, l'autre au milieu, et le dernier, au point le plus

OBJECTIFS.	PLUS LOIN.	AU MILIEU.	PLUS PRÈS.
N° 1. . . .	»	»	»
2. . . .	»	»	»
3. . . .	»	»	»
4. . . .	»	»	»
»	»	»	»

Fig. 44. — Tableau indiquant le grossissement relatif des épreuves prises à la chambre noire.

éloigné, pour lesquels on détermine le grossissement obtenu avec chaque objectif. On a ainsi formé un tableau indicateur, que l'on consultera, quand on aura besoin de connaître le pouvoir amplifiant. Si l'on était dans la nécessité de fournir une constatation irréfutable sur l'épreuve même, on résoudrait aisément ce problème tout à fait photographiquement ; on prendrait pour un seul et même négatif deux poses successives, sans changer en rien la mise au foyer, en substituant dans la seconde le micromètre à la préparation ; l'un serait ainsi inévitablement fixé sur l'autre. Il serait également possible de faire dans les mêmes conditions que le sujet, une épreuve du micromètre dont on collerait plus tard une bande dessus.

Ce serait un tort, dans la pratique de la micrographie, d'attacher une grande importance à une exacte

et trop scrupuleuse détermination du grossissement.
A moins d'études particulières et minutieuses, une
approximation est généralement suffisante, pour apprécier des dimensions relatives. S'attacher à une
mesure rigoureuse n'aurait pour raison effective que
la satisfaction d'une futile curiosité. Quand on perçoit
distinctement, en comprenant bien les détails d'une
observation, qu'importe l'amplification à un tiers,
ou un quart près ! Souvent on s'embrouille dans les
termes de comparaison, parce que les sujets de même
nature ont entre eux des disproportions assez remarquables.

Fig. 45. — Navicules d'eau douce.

VI

APPLICATIONS ET OPÉRATIONS

COMPLÉMENTAIRES

AGRANDISSEMENTS

Le but vers lequel tend la photomicrographie est déjà en lui-même un agrandissement direct d'objets imperceptibles ; il produit une altération en rapport avec leur plus ou moins grand degré de perfection. Le négatif est ici l'expression d'une amplification, au lieu que, dans les procédés ordinaires, on a obtenu un négatif très-petit d'un objet plus grand, pour qu'en réduisant ainsi les dimensions, on ait une grande netteté, à la faveur de laquelle on produit, avec l'appareil d'agrandissement, une épreuve préférable à celle qu'on aurait prise directement au moyen d'un objectif très-grand.

Les observations précédentes relatives aux grossissements sont applicables à la théorie des agrandissements, qui est semblable de part et d'autre : ce qu'on gagne en netteté, on le perd en grandeur, et réciproquement ce qu'on perd en netteté, on le gagne en grandeur. Si, dans la photographie pratique, on est parvenu à faire des portraits de dimensions naturelles, ce n'est que par l'intermédiaire d'un négatif diminué qui perfectionne les teintes et le modelé du sujet. La photomicrographie ne s'y prête qu'avec une certaine restriction. Dans un portrait ou un paysage, un certain moelleux ne nuit pas ; il contribue quelquefois à donner de la douceur aux ombres sans détruire l'harmonie ou la ressemblance ; les œuvres d'art, différentes sur ce point des travaux scientifiques, admettent une représentation un peu indéterminée dans son sentiment d'ensemble. Mais, dans la traduction d'un objet subtil et généralement peu connu, la précision de toutes ses parties en fait la valeur.

En photomicrographie, on sera sobre des agrandissements ; déjà l'image, si bonne qu'on l'obtienne, a perdu une notable quantité de sa perfection si, comme il arrive le plus fréquemment, on a poussé le grossissement jusqu'aux dernières limites. On se convaincra de toute la défectuosité d'un négatif en l'examinant au microscope. Aussi ne doit-on pas espérer atteindre avec ce moyen des dimensions extraordinaires, en exagérant les bornes naturelles dans une opération surfaite, ou dans plusieurs autres successives ; à la seconde, déjà, tous les traits principaux du caractère sont perdus dans une même confusion, et l'expression est complétement faussée.

Dans la production du négatif destiné à l'agrandissement, on ne négligera rien dans le concours des circonstances qui contribuent à sa perfection. La mise au foyer sera faite avec une loupe ; la pose étudiée, par rapport au développement, point capital de la réussite et sur lequel on portera toute son attention, car il faut que le petit négatif soit développé suivant un tel degré d'intensité, que la lumière, dirigée avec un rigoureux parallélisme, puisse, pendant l'exposition, *passer à travers les détails les plus petits, sans cependant ne pas manquer d'en faire bien ressortir tous les contours.* S'il est trop dur, l'éclairage est mauvais, la lumière ne passant pas ; s'il est trop transparent, l'image est molle et les formes indécises. Le milieu exact à tenir entre ces deux extrémités d'inconvénients demande beaucoup d'expérience pratique, dans ce genre de développement totalement dissemblable de celui des négatifs destinés au tirage positif sur papier. Afin d'arriver à un résultat satisfaisant avec plus de sécurité, on agira sagement en prenant plusieurs négatifs d'un même sujet, avec des poses différentes ; on aura ainsi un choix plus favorable, et moins de désagréments en évitant de recommencer continuellement la série des opérations.

La méthode à suivre de préférence consiste à employer les chambres solaires ordinairement admises dans la pratique de la photographie, et à se conformer aux procédés spéciaux dans cette branche de travail. Comme il arrive fréquemment que ceux qui se livrent à la photomicrographie n'ont pas directement à leur disposition une chambre solaire installée, ils peuvent user d'un subterfuge en se servant du microscope lui-même, pourvu d'un *objectif très-faible* (comme ceux à portraits-timbres), adapté au tube de l'instrument. Il est ainsi considéré comme un appareil d'agrandissement, dont il possède en réalité le principe. Ceci n'amènera cependant pas à conclure qu'une chambre solaire, avec sa combinaison optique modifiée, serait sans inconvénient convertie en appareil photomicrographique ; la proportion entre les éléments qui composent l'un serait inadmissible dans l'organisation de l'autre.

Si l'on emploie le microscope, on fera sur des lamelles de verre de dimensions concordantes avec celles de la platine, et même simplement sur des porte-objets, un petit négatif d'agrandissement ; quoi-

que relativement restreint, il offre encore une surface
suffisante, puisque l'on a la faculté d'obtenir directement les dimensions inférieures de l'ensemble. La lamelle de verre d'un porte-objet est pour certains opérateurs, gênante à manier par sa petitesse ; mais en
se servant du microscope comme chambre solaire
d'agrandissement, elle répondra aux besoins, aussi
bien qu'un verre plus grand.

La réussite des agrandissements photomicrographiques est illusoire et capricieuse ; comme les plus ha-
biles y échouent parfois malgré beaucoup de soin, ils
ne seront tentés qu'avec réserve. Les épreuves direc-
tes, beaucoup plus faciles à obtenir, répondent parfaitement, et dans la plupart des circonstances, aux
besoins scientifiques les plus nombreux. Elles ont en
plus une valeur supérieure d'inaltérabilité de la
nature vraie. La vérité seule est utile ; les exagérations ne concourent pas à une plus parfaite démonstration ; au contraire, elles lui sont nuisibles.

REPRODUCTIONS

Peu à peu la photographie est devenue accessible à
tous ; la vulgarisation de cette branche accessoire des
sciences naturelles lui assigne une part importante
dans les études scientifiques et artistiques, pour fixer

les souvenirs et donner une publicité authentique.

Les reproductions ou copies à la chambre noire sont un moyen coadjuteur de la photomicrographie, particulièrement dans beaucoup de circonstances ; soit pour réunir ensemble des sujets d'un même ordre d'idées, soit pour changer les dimensions de certaines épreuves, ou aussi pour représenter des combinaisons d'appareils.

Les dessins ou photographies à reproduire sont placés dans un châssis de tirage positif, qui les comprime afin d'avoir une planimétrie parfaite. On l'expose dans l'atelier près d'une ouverture orientée de telle façon, que l'incidence des rayons solaires se rapproche autant que possible d'un angle de 45° avec le plan horizontal comme avec le plan vertical ; trop hauts, ces rayons raseraient la surface, d'où il résulterait une déperdition d'intensité, et quelquefois les petites inégalités de la texture du papier produiraient des nuances sensibles ; trop bas, la chambre noire, si elle était très-près, pourrait porter ombre sur le châssis contenant les dessins ou photographies..

Il est impérieux d'avoir une lumière abondante ; un soleil vif n'est pas à redouter, si ce que l'on reproduit n'est pas sujet à être détérioré. Si l'on augmente les dimensions, l'intensité n'est jamais trop forte ; ensuite elle est réclamée par l'usage des petits diaphragmes, qui donnent de la finesse.

La condition principale à observer dans l'agencement de l'appareil, est de lui faire conserver une
rigoureuse perpendicularité à l'axe optique ; pour
cela, la chambre noire est montée sur une table gar
nie de coulisses, dans lesquelles s'opère un glissement
toujours normal au tableau contenant les sujets. A
défaut d'installation spéciale, la tablette proposée
précédemment pour recevoir l'appareil photomicrographique satisfait également ; il suffit d'ajouter à
l'extrémité une planchette verticale fixée par une vis ;
la chambre noire mobile sur la tablette est éloignée

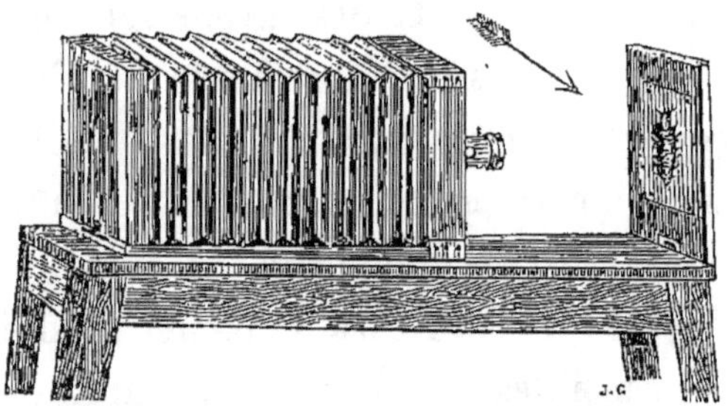

Fig. 46. — Installation d'appareil à reproduction sur une tablette mobile.

ou rapprochée à volonté, en conservant une position
régulière. Ceci a encore l'avantage de former un ensemble d'appareil mobile transportable à l'endroit où
brille le soleil, en conservant dans toutes ses parties
la régularité nécessaire à un bon fonctionnement.

L'objectif à employer de préférence est naturellement celui dont la combinaison lenticulaire tend le

moins à produire une déformation. Les objectifs simples, aplanatiques, triplets, globulaires, orthoscopiques, etc., sont bons; l'objectif double, qui est entre les mains de tous les photographes, ayant son aberration corrigée par un très-petit diaphragme, donne une netteté plus grande, le foyer étant plus court.

Le procédé sec, comme le procédé humide, sont employés indistinctement, quoique ce dernier soit plus commun et plus simple. On observera de prendre une pose courte pour les tons égaux, et une pose plus longue pour les oppositions, en faisant accorder ces exigences avec le caractère plus ou moins bien tranché du sujet de la reproduction. Sous ce rapport, les épreuves positives au chlorure d'argent s'y prêtent très-bien, car elles ont une valeur de tons favorable à une nouvelle épreuve négative.

PHOTOGRAPHIE DES CORPS OPAQUES

Reproduire les corps éclairés par transparence, c'est la méthode la plus suivie, qui offre le plus de facilité, et qui donne les meilleures épreuves. Ce n'est qu'exceptionnellement qu'on se trouve dans l'obligation d'opérer sur des corps très-petits, impénétrables à la lumière. Autant que possible, on évitera cette particularité, en tournant la difficulté par l'art de la prépara-

tion. On tâchera de convertir les matières opaques, soit
en les amincissant, soit en les imprégnant de substances qui les rendent diaphanes, sans exercer aucune

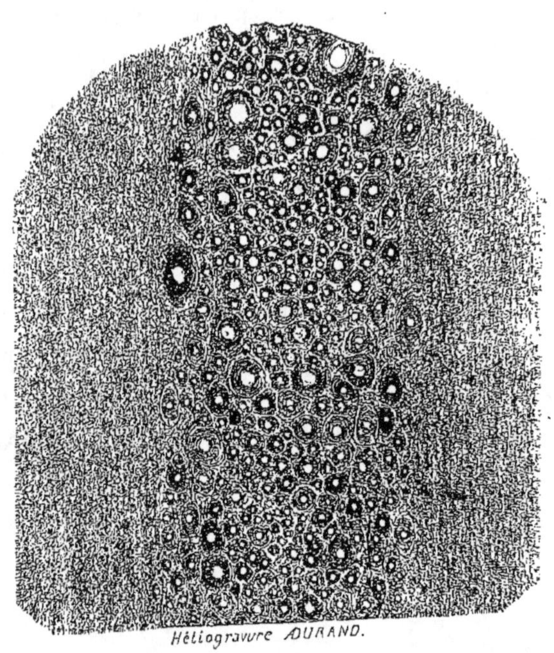

Fig. 47. — Spécimen de reproduction d'objet demi-opaque.
(Coupe d'un fanon de baleine.)

dénaturation. Ils ne seront reproduits sous la lumière
réfléchie que quand il y aura nécessité absolue, ou
lorsque les opérations de conversion offriraient une
solution trop incertaine. La difficulté du travail réside
principalement dans la faiblesse de la lumière, qui

exclut un allongement un peu grand de la chambre noire, et dans le relief même des corps qui prohibe une mise au foyer précise et uniforme simultanément de la surface totale. On est dans les acceptions de la photographie ordinaire, dont on a tous les inconvénients, augmentés encore du manque d'éclairage et d'éloignement.

En employant la disposition du microscope inclinant adapté à la chambre noire horizontale, aussi bien que celle du microscope vertical, l'éclairage se fait dans tous les cas avec une lentille d'une convexité pro-

Fig. 48. — Pied articulé à crémaillère portant une loupe pour condenser la lumière sur les matières opaques.

noncée, montée sur pied mobile. Elle amènera les rayons lumineux condensés sur les corps opaques, de façon à ménager quelques ombres, calculées pour produire l'effet de relief le plus avantageux. La lentille est ainsi remplacée par un petit ballon de verre, semblable à ceux qui sont en usage dans les laboratoires ; étant rempli d'eau très-pure, il fournit un point brillant sans développer de calorique. Ce mode

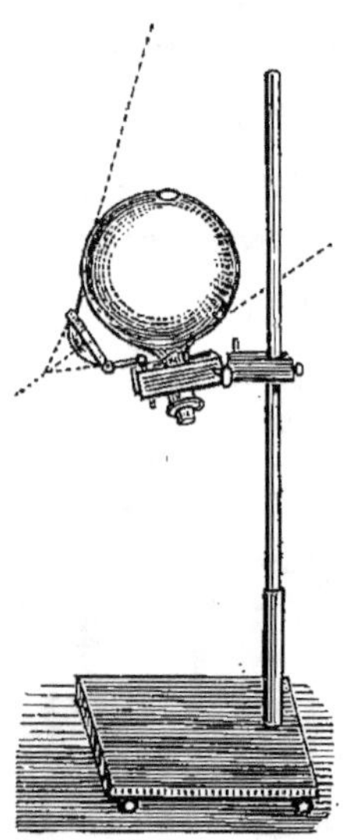

Fig. 49. — Ballon rempli d'eau pour l'éclairage convergent des corps opaques.

d'éclairage était déjà employé dans les observations microscopiques par Hook (1772). Il est nécessaire d'ajouter une lentille convexe qui recondense les rayons trop diffus émanant de la boule et allonge un peu la distance focale.

Pour satisfaire également aux conditions photographiques, comme à celles de la disposition du conden-

sateur, il est nécessaire de recevoir la lumière selon
une direction calculée par rapport à la position du
corps opaque ; celle qui se rapproche d'une incidence
de 45° n'est ni trop ouverte, ni trop aiguë. La condensation peut être remplacée par la réflexion de la lumière à l'aide d'un miroir concave, dans le cas où
la trop grande proximité de l'objectif serait gênante,
pour placer une lentille.

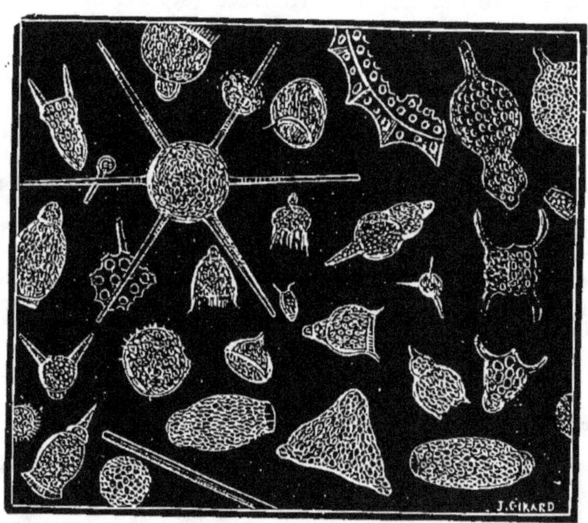

Fig. 50. — Terre fossile de Bissex (Barbades). — Foraminifères détachés
naturellement en blanc sur un fond noir.

On fera apparaître les corps opaques sur un fond
noir, ou un autre qui les fasse ressortir avec des tons
bien tranchés. Ceci s'obtient sur la préparation même,
plutôt que par un effet d'obscurité artificielle. La sub-

stance mise à contribution est généralement d'une nature bitumineuse, et par conséquent fusible sous l'élévation de température produite par la condensasation ; c'est pour cela qu'on évitera une lumière vive qui serait maintenue longtemps dessus.

Les faibles grossissements seuls conviennent à ce genre de reproduction ; d'abord parce qu'avec un objectif fort, la distance laissée au-dessus de l'objet étant trop réduite, le faisceau lumineux serait arrêté dans sa chute par l'objectif lui-même ; ensuite parce qu'on ne peut mettre au foyer les différentes parties proéminentes d'un ou de plusieurs corps opaques, puisque la réunion des deux ou trois lentilles ne donne qu'un seul plan et que l'usage d'une seule serait insuffisant. Plus l'objectif sera faible, plus on aura de chances de succès. Une partie unique du relief étant propre à une bonne mise au foyer, on choisira celle qui présente le caractère le plus intéressant, ou, à son défaut, un plan intermédiaire réunissant plusieurs objets situés à un même niveau.

Nous avons employé une chambre noire horizontale, placée comme pour les reproductions, avec un objectif à *portrait-timbre* donnant un grossissement moyen de deux à quatre fois au plus. L'éclairage était simplement l'exposition directe au soleil, sans le secours d'appareils intermédiaires. On obtient ainsi facilement les échantillons de minéralogie, les coquillages, les cristaux moyens, les foraminifères assez forts.

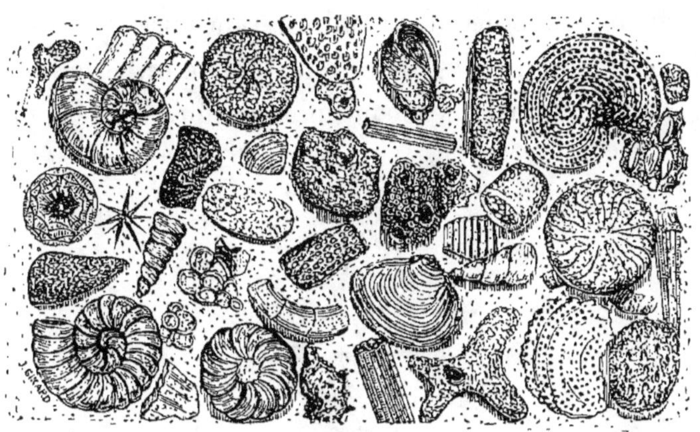

Fig. 51. — Exemple de photographie de corps opaques. — Coquillages, concrétions calcaires, provenant de sondages exécutés aux îles du cap Vert.

Dans l'intention d'éluder la loi optique qui empêche la photographie des corps opaques, on pourrait, si l'on était obligé d'en reproduire fréquemment, combiner un appareil qui permît de les réfléchir dans une glace, selon un plan d'incidence combinée, où ils se projetteraient planimétriquement.

L'opérateur qui se livrera particulièrement à cette branche de la photomicrographie pourra avoir recours pour l'éclairage au miroir parabolique horizontal de Lieberkühn, placé au-dessus d'une boîte ou chambre verticale, dont le fond porte l'écran et le

8.

châssis négatif. L'ouverture du miroir est traversée par l'extrémité inférieure du corps du microscope ; le porte-objet, placé sur deux bras horizontaux, est situé au-dessus de l'objectif. Ce miroir réfléchissant la lumière dans toutes les directions donne un éclairage assez intense, mais beaucoup plus uniforme que celui

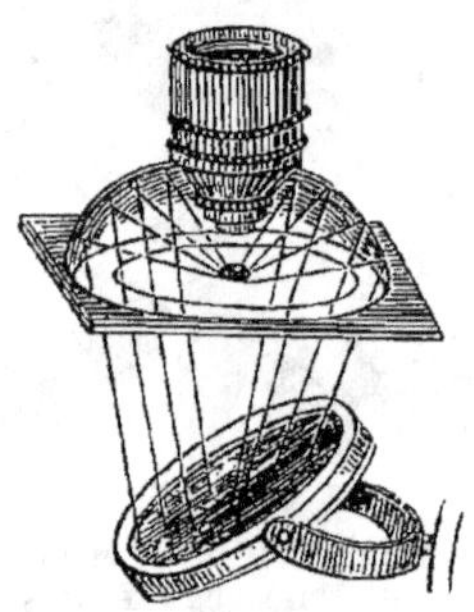

Fig. 52. — Éclairage réfléchi par le miroir de Lieberkühn pour des objets opaques.

d'une simple loupe ; car les ombres sont dirigées symétriquement de la circonférence vers un unique et invariable point central. En masquant par un écran ou un carton quelconque une fraction du miroir, on remédie partiellement à la monotonie et au manque de relief. Le miroir parabolique a reçu beaucoup de modifications, et notamment par M. Beck, ensuite par M. Sorby ; il est organisé pour pouvoir tourner autour de l'objectif du microscope ordinaire d'observation, et produire des ombres à volonté selon toutes les directions. Le professeur L. Smith (de Gambia, Ohio, U. S.), puis M. Dancer, de Londres, ont été les promoteurs d'un éclairage des corps opaques soumis aux forts grossissements ; il consiste en un petit miroir placé dans la partie inférieure du tube du microscope qui a reçu une ouverture à cette intention ; il réfléchit la lumière par-dessus, quoique en laissant passer autour les rayons de l'image formée par l'objectif. Citons encore, comme appartenant à cette catégorie, le microscope minéralogique renversé de M. Highley, pour l'étude des corps opaques, ainsi que celui de M. Nachet, également renversé, pour l'observation des éléments anatomiques dans les milieux gazeux, dans l'eau et dans une température constante, qui sont renfermés dans une cellule de verre spéciale. Enfin, M. Wenham a imaginé un petit prisme de verre triangulaire qui se place sous l'objet, de façon à ce que la surface plane soit en contact avec la préparation.

Cependant, malgré les combinaisons instrumentales les plus ingénieuses, on n'est pas encore parvenu à donner une bonne solution définitive ; les épreuves sont généralement peu séduisantes et demandent des soins qui ne sont pas toujours récompensés.

ÉPREUVES STÉRÉOMICROSCOPIQUES

L'emploi des microscopes binoculaires (modèles de M. Nachet ou M. Wenham) s'adresse plus particuliè-rement aux observations qu'aux reproductions pho-tographiques, dans lesquelles l'image est projetée réellement ; les illusions optiques, si remarquables pour certains sujets un peu épais, sont beaucoup amoindries dans la photographie, qui n'en donne qu'une pâle copie. Le microscope stéréoscopique, tel qu'il est construit, pent être considéré comme avanta-

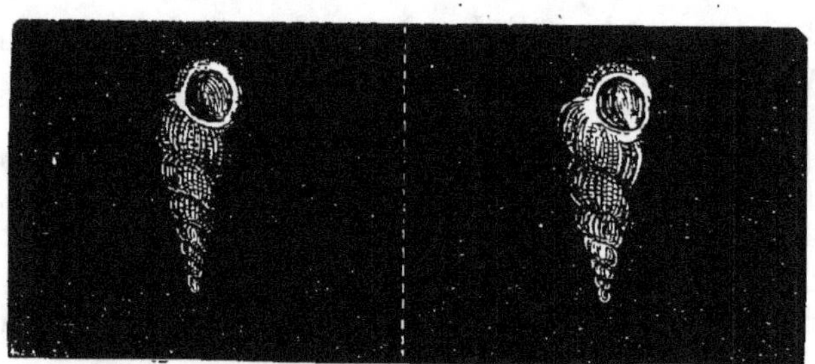

Fig. 53. — Exemple d'épreuve stéréomicroscopique.

geux par la symétrie ; les deux images s'impression-nent dans des dimensions égales et parallèles, et les rayons provenant de l'objectif divisé en deux par le prisme sont équidistants ; le prisme, néanmoins, en-lève une certaine quantité de lumière. Le microscope stéréoscopique s'adapte à la chambre noire, comme les instruments ordinaires.

Avec le microscope simple, il est facile de prendre alternativement deux images dans un châssis multiplicateur, ayant des dimensions en rapport avec l'écartement visuel ; il importe beaucoup alors de régler la pose, de façon que chaque épreuve ait une même valeur de ton. On pourrait encore reproduire avec la chambre stéréoscopique ordinaire une épreuve positive, avec des ombres ménagées de manière à faire valoir le relief.

La photographie stéréomicroscopique a été l'objet de différentes études expérimentales, dans la combinaison de l'éclairage. Le professeur Wheatstone, voulant obtenir des épreuves où les jeux d'ombres fussent ce qui donne un aspect beaucoup plus saillant, a imaginé de faire pivoter la préparation suivant un axe fictif de 7° à 15° d'inclinaison, en évitant cependant les ombres interférentes, qui auraient pour résultat de produire des effets pseudoscopiques. Le docteur Maddox, perfectionnant cet appareil, introduisit l'usage, d'après M. Wenham et M. Smith, d'un obturateur additionnel ayant une ouverture semi-circulaire égale à la moitié de la lentille frontale. M. Moitessier, pour obtenir le même effet, proposa un petit-diaphragme qui produit deux images d'un sujet avec les deux moitiés d'un même objectif ; ces deux portions, agis-

sant d'une manière tout à fait indépendante, voient
l'objet sous deux angles différents. Ce moyen pseudo-
stéréoscopique s'applique particulièrement aux sujets
qui peuvent être éclairés par en dessus.

Beaucoup d'autres appareils très-ingénieux ont été
inventés pour produire et perfectionner les effets de
relief dans la vision stéréoscopique, mais ils sont généralement un luxe scientifique qu'il faut faire concorder avec des préparations choisies avec discerne-
ment. Non-seulement le négatif obtenu avec ces soins
méticuleux demande une grande expérience, mais
aussi les positifs doivent répondre au sujet. C'est pourquoi les positifs sur verre avec un fond dépoli sont
beaucoup préférables, à cause de la transparence qui
s'ajoute à la pureté et à la douceur des tons.

Ce serait une erreur de supposer que l'on donnerait une solution à certains problèmes sur l'organisation des corps, uniquement par la photographie
stéréomicroscopique, surtout quand on est obligé
d'avoir recours aux forts grossissements. Les perturbations lumineuses faussent souvent l'apparence du
relief, faisant voir des saillies dans les parties plates.
De plus, on ne perçoit pas cette apparence comme
dans les vues extérieures, où l'imagination contribue
à reconstituer la perspective ; l'œil, moins familiarisé,
a besoin d'être en présence de corps aux formes bien
prononcées.

POLARISATION

On démontre par les interférences que la lumière vibre, et par la polarisation quelle est la direction de ces vibrations. Erasme Bartholin (1669) vit pour la première fois qu'un rayon lumineux se dédoublait en passant à travers des cristaux de spath d'Islande. Il entre effectivement un rayon, il en sort deux. L'un traverse la lame cristalline sans déviation, comme il traverserait le verre ; c'est le rayon *ordinaire*. L'autre est dévié contrairement à la loi de Descartes, qui est suivie par le premier, c'est le rayon *extraordinaire*. Quand on tourne le spath autour du rayon, l'image ordinaire reste immobile, l'image extraordinaire tourne autour de la première. En recevant les deux rayons d'un premier rhomboèdre sur un second identique, chaque rayon se dédouble, produisant ainsi quatre images ; en laissant un spath immobile, et faisant tourner l'autre autour d'un rayon incident, la lumière qui est tombée sur le premier n'a pu le traverser sans se dédoubler, mais chacun de ces rayons en traversant le second est resté simple. Le passage à travers le premier leur a fait perdre la propriété de se diviser en traversant le second. En substituant un prisme de *Nicol* à un rhomboèdre, les sections principales sont croisées : ce n'est plus la lumière naturelle, elle a des propriétés nouvelles ; dans l'éther, elle est produite par des vibrations transversales, mais quand elle a traversé un Nicol, elles sont devenues parallèles, c'est la lumière polarisée. De ces deux appareils, le premier est nommé *polariseur*, le second *analyseur*.

Dans le microscope, le petit prisme de Nicol, le polariseur, se place sous la platine, dans la pièce à coulisse, étant ainsi situé entre le miroir et l'objectif. L'analyseur, qui est plus fort, se met au-dessus de l'objectif, soit directement tout près, ou mieux encore au-dessus de l'oculaire ; dans cette position, il tourne indépendamment, sans obliger d'avoir un instrument à platine tournante ; il est recouvert d'une pièce métallique percée en son centre d'un petit trou faisant office de diaphragme, et éliminant ainsi une des deux images données par le prisme. On complète l'appareil de polarisation par des larmes de gypse très-pur (sélénite), de diverses épaisseurs, collées entre deux verres protecteurs ; en les interposant entre le polariseur et l'analyseur, elles produisent des fonds de couleurs éclatantes dont les bases sont le rouge et le vert ; elles contribuent ainsi à varier les capricieux phénomènes lumineux et à rehausser leur éclat.

La disposition reçue dans le microscope d'observation ne convient pas entièrement à la photographie.

Le polariseur ou prisme de Nicol, fixé sous la platine, conserve sa place, mais l'analyseur s'approche contre l'objectif, pour que les rayons qui en émanent passent en totalité à travers. Il demande aussi une plus

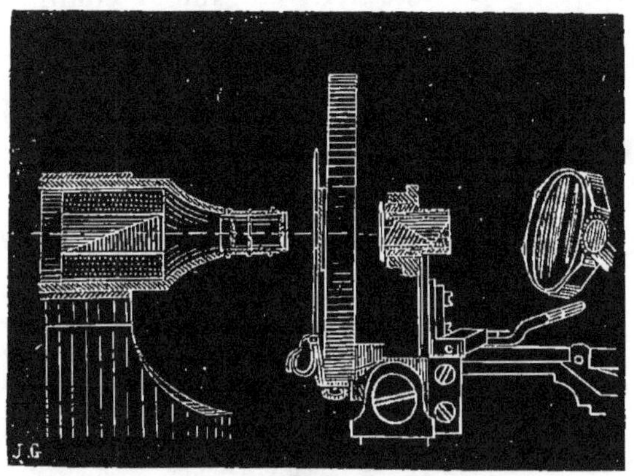

Fig. 54. — Disposition de l'appareil de polarisation microscopique adapté à la photographie, montrant la position de l'analyseur et du polariseur.

grande longueur. La polarisation a lieu quand il y a modification dans le sens des vibrations par le fait de l'occupation d'une certaine position de l'analyseur par rapport au polariseur, lorsque les plans d'incidence font entre eux un angle droit. C'est en accomplissant un doux mouvement de rotation, sans attendre le point d'extinction de la lumière, que l'on obtient la production du phénomène.

Il est à remarquer que ces jolies expériences, ces brillants effets de coloration, n'ont qu'une faible uti-

lité dans la micrographie ; ils ne sont sensibles qu'avec
certaines natures de préparations, dont les sujets ont
besoin d'un traitement approprié. Leur plus ou moins
grande épaisseur, leur transparence et les saillies
opaques, changent totalement leur valeur comme *pola-
riscopes*. Jusqu'ici la photographie a été impuissante

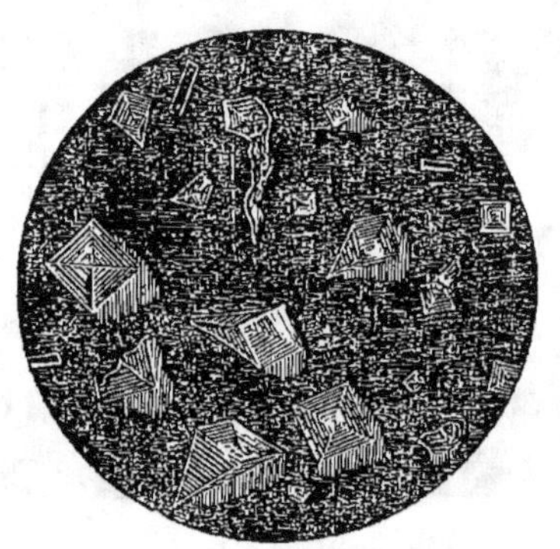

Fig. 55. — Cristaux de sel marin (chlorure de sodium)
vus à la lumière polarisée.

à fixer les couleurs. Par conséquent, la polarisation
qui engendre ces tons si riches se traduit sur
l'épreuve par des vilains noirs, désagréables, par de
tristes teintes d'une intensité variable suivant l'activité
chimique des couleurs. Il en est de même pour la spectroscopie microscopique où les bandes d'absorption
sont dans une semblable condition. Ce genre d'observations, déjà très-spécial en lui-même et de même
portée que la polarisation, est encore plus insignifiant
dans les applications photographiques.

Néanmoins, si les résultats généraux sont d'un médiocre intérêt, l'opérateur trouvera moyen de les utiliser dans quelques circonstances : ainsi, dans la partie expérimentale sur la théorie de la lumière, dans quelques particularités de la lumière réfléchie. La photographie y trouve un auxiliaire dans l'étude des systèmes cristallins ; en s'en servant pour obtenir un fond noir, on arrive à faire apparaître des détails qui seraient inappréciables sans l'emploi de la lumière modifiée par la polarisation. Pour les recherches sur les réfractions relatives aux interférences et aux couleurs des lames cristallisées, on peut en tirer un très-bon parti, en mettant à profit les qualités photogéniques de certaines nuances.

Fig. 56. — Cristallisation de l'asparagine, aspect produit par la lumière polarisée.

Ce fut M. T. Davis (1864) qui indiqua le premier les services pratiques de la lumière polarisée dans la photographie des cristaux microscopiques. Citons, parmi les plus aptes à la reproduction, ceux de : la

Fig. 57. — Cristaux de sulfate de cuivre vus à la lumière réfléchie.

salicine, l'asparagine, l'acide camphorique, l'acide tartrique, l'acide gallique, le cyanure de magné-

Fig. 58. — Cristaux de sulfate de cuivre vus à la lumière polarisée.

sium, le sulfate de cuivre, le tartrate de soude, le sulfate de magnésie, la santonine, la cholestérine, la créatine, etc. Les cristaux sont les objets qui réussissent le mieux, mais ils ne sont pas les seuls ; plusieurs autres appartenant au règne végétal en ont aussi le bénéfice, tels sont les épidermes de plantes, les cellules, les substances extraites de quelques formations bulbeuses.

On se tiendra sur ses gardes contre le *foyer chimique*, qui est d'autant plus sensible avec la lumière polarisée que les lentilles ne sont pas corrigées pour les différentes couleurs, mais seulement pour la lumière blanche ; inappréciable dans les observations, il paralyse les opérations photographiques. Ce n'est qu'en tâtonnant, et en se basant sur les moyens proposés pour la correction, qu'on éludera cet inconvénient. Il est d'autant plus fort que l'objectif est plus faible, et souvent on fait usage de celui-ci, parce qu'on a besoin d'une lumière assez vive, et que les sujets ne demandent pas un fort grossissement. Pour avoir plus de clarté, on supprime le diaphragme.

Cette considération sur le foyer chimique variable, mais permanent, avec l'emploi de la lumière polarisée, nous fait remarquer le problématique avantage qu'on en retire pour l'éclairage monochromatique. Si l'on trouve dans une des différentes gammes de coloration du spectre, le point exact pour une bonne correction de la lumière dans la photographie, il importe de produire toujours le même pour que les objectifs soient complétement exempts de foyer chimique. Le plus faible écart de l'appareil donnera, dans une opération subséquente, un résultat dissemblable ; on conclura d'après cela que la modification préférable qu'on obtient par le passage des rayons éclairants à travers une cuve remplie d'une solution monochrome, ne sera pas soumise à ces variations perturbatrices.

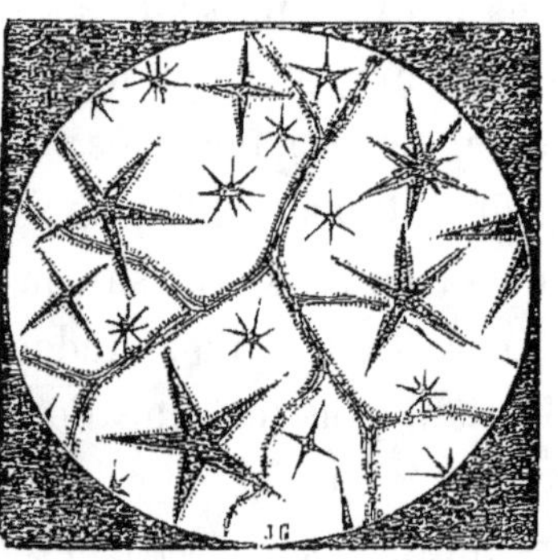

Fig. 59. — Poils étoilés d'un pétale du *Deutzia gracilis* mis en relief par l'effet de la lumière polarisée.

LES PRÉPARATIONS DES SUJETS

MICROSCOPIQUES

GÉNÉRALITÉS

De toutes les applications de la photographie aux sciences, celles qui se rattachent à la micrographie sont étendues à l'infini, beaucoup plus que pour toute autre. Dans la photographie astronomique, par exemple, on est limité à reproduire un astre sous différents aspects ; quand on a obtenu quelques épreuves, la voie ouverte à l'opérateur est à peu près fermée. Tandis qu'à l'égard du monde microscopique, on a devant soi un champ d'exploration immense.

La micrographie se résume plutôt dans la dextérité à préparer les sujets à examiner, que dans le maniement mécanique de l'instrument lui-même ; il est la création du constructeur et son usage devient familier au bout de peu de temps, mais il n'en est pas de même de l'art de savoir faire voir des corps, qui, tels qu'ils existent, sont incompatibles avec les exigences du microscope. On est obligé d'avoir recours à une minutieuse préparation, variable selon la direction des études ou la nature des objets, dont le but est de favoriser la netteté de la perception, en mettant en évidence les délicatesses inappréciables à l'œil nu.

Pour celui qui mène de front la micrographie et la photographie, il s'agit de pouvoir préparer lui-même ce qui fait l'objet de ses recherches ; il comprend avec plus de perspicacité quelles sont les conditions les plus convenables pour obtenir finalement une bonne épreuve. En supposant qu'il ne lui serait pas possible de joindre ce talent à celui de la photographie, il serait obligé d'avoir recours à l'expérience d'autrui ; si le concours d'un habile préparateur de profession est utile dans quelques études partielles, il est inadmissible quand elles se transforment en recherches longues et sérieuses. Ce serait, du reste, se placer dans une dépendance continuelle, qui deviendrait préjudiciable ; on perdrait ainsi sa liberté d'initiative dans les moments où les recherches ont besoin d'être continuées sur une seule et même inspiration. On rencontre dans le commerce des préparations très-bonnes à photographier, qui figurent très-bien dans une collection, mais qui ne font pas aboutir à la solution d'un problème que l'on étudie à fond.

Beaucoup de micrographes éminents ont fait des traités sur l'art du préparateur ; ils sont pour la plupart des travaux de valeur réelle, mais ici, plus que dans toute autre science, l'habileté s'acquiert davantage par l'habitude de la manipulation, que par la théorie du professeur. Il existe des petits secrets de métier, une routine de moyens ingénieux, que donne seul le travail du laboratoire. Le débutant dont la patience est mise à l'épreuve, s'arrête trop vite aux premières difficultés ; qu'il n'oublie pas que, s'il sait mettre du soin, de la propreté, et conduire ses essais avec ordre dans les idées, il y prendra goût au bout de peu de temps.

Il est à remarquer que la science pure cherche et que l'industrie applique à son profit. L'application de la photomicrographie peut devenir d'un utile secours dans certaines questions commerciales, pour établir des types de comparaison, telles que dans les matières textiles, les produits alimentaires, les graines, les bois, les papiers, etc.

Les préparations se font sur des lamelles de verre de choix dites *porte-objets*, de 0,027 + 0,075, dimension uniformément adoptée par tous les micrographes, pour faciliter les collections. Le sujet est recouvert d'un verre très-mince comme protecteur et fermant les cellules, dit *couvre-objet*. Chaque porte-objet est accompagné d'une étiquette indicative.

La préparation s'organise dans une pièce éclairée par une fenêtre exposée au nord, afin d'avoir un jour favorable, devant une table ferme et fixe, garnie de tiroirs, et au milieu de laquelle on place une surface blanche, comme une glace avec une feuille de papier par en dessous.

Fig. 60. — Table de micrographe avec les instruments.

Il est nécessaire pour le travail d'avoir des instruments appropriés, simples, avec lesquels l'habileté des doigts rende de meilleurs services, que la complication d'un ingénieux mécanisme. On a besoin, pour saisir les objets, de pinces fines et effilées, avec un ressort doux, ou de délicats pinceaux humectés pour les petits corps secs ; de ciseaux minces à lames droites et courbes pour disséquer, d'aiguilles emmanchées très-acérées, pour les recherches histologiques, de couteaux ou scalpels à lames larges, et d'autres à lames étroites, qui font office de rasoir pour les coupes minces, d'une scie fine pour faire celle des substances dures, de pipettes ou petites baguettes de verre pour déposer de petites gouttes de liquide, de seringues très-petites pour les injections, d'un compresseur mécanique à ressort pour les études de tissus et objets épais, d'un microtome pour faire des coupes régulières et d'épaisseurs variables. Le micrographe doit avoir aussi une tablette de bronze avec lampe à alcool pour chauffer les porte-objets, une tournette à faire les cellules, ou disque léger rotatif, surmonté d'un bâtis portant le pinceau imprégné de substance cémenteuse, une éprouvette graduée de 50 grammes, une cloche de verre pour préserver les différents objets de la poussière, une lampe à réflecteur pour le travail du soir. Il faut un certain nombre de capsules en porcelaine qu'on puisse chauffer sur la lampe à alcool, des verres de montre, des godets en porcelaine pour contenir et traiter les spécimens divers d'anatomie, des entonnoirs pouvant se placer sur les cols larges, des

flacons pour filtrer, des récipients de différentes formes, des tubes en verre, des flacons, grands et petits,
pour les liquides et les récoltes faites avant le travail
de la préparation.

Les dissections et études se pratiquent peu aisément
sous le microscope, à moins qu'il ne soit spécialement
disposé pour la dissection ; son usage est plutôt pour
observer les sujets préparés à cet effet. Il laisse moins
de liberté de manipulation qu'un instrument dans
lequel les mains sont plus à l'aise, et les yeux moins
fatigués par un plus faible grossissement, tel que le
porte-loupe, des doublets montés sur crémaillère, ou
mieux un appareil binoculaire spécial de dissection
avec des doublets, au moyen de la disposition duquel le relief des sujets que l'on dissèque est appré-
cié complétement, soit dans l'eau, soit à sec. On
a encore une plus grande facilité et l'on conserve l'indépendance des mouvements en plaçant une lentille de
distance focale combinée, dans une monture de lunettes
et grossissant de quinze à vingt fois ; un œil conserve
la vision ordinaire, l'autre voit avec amplification.

CATÉGORIES ET CARACTÈRES DISTINCTIFS DES PRÉPARATIONS

Chaque nature de sujet demanderait à la rigueur
un traitement qui lui fût spécial, dont la base serait le

résultat des principes reconnus avantageux par expérience, comme réussissant mieux pour assurer une vision claire et compréhensible, en même temps qu'une conservation indéfinie. Ce choix judicieux constitue le degré de perfection selon lequel se fait l'observation. La méthode d'investigation est abrégée quand on n'a pas intention de conserver les corps soumis à l'étude au delà du temps qui y est strictement nécessaire, soit qu'ils ne vaillent pas la peine de la manipulation, soit que son organisation ne s'y prête pas. Ces préparations *temporaires* fournissent cependant de bonnes observations, faciles à pratiquer, s'appliquant indistinctement à toutes les catégories du travail microscopique.

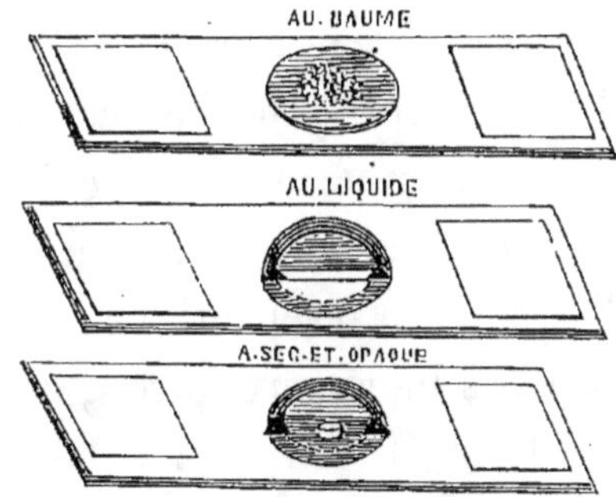

Fig. 61. — Principales catégories de préparations.

Les préparations *définitives*, plus efficaces dans la photomicrographie, peuvent se classer sous trois caractères distinctifs principaux ; à sec, au baume, ou dans un liquide contenu dans la cellule apposée sur le porte-objet. Remarquons qu'il est notablement avantageux, pour économie de temps et simplicité d'exécution, d'opérer sur un grand nombre à la fois ; la manipulation est plus compensatrice de la multiplicité des inévitables soins minutieux.

On prépare *à sec* lorsque les corps possèdent par eux-mêmes une assez grande transludicité, ou que trop volumineux pour un autre traitement, ils sont destinés à être éclairés par en-dessus. Il est utile qu'ils soient enfermés dans une cellule protectrice formée avec un couvre-objet, à moins que l'on ne redoute la réflexion des rayons incidents de la lumière.

Le *baume de Canada* est le meilleur vernis qui donne aux objets secs et pulvérulents une grande transparence. Il se présente sous l'aspect d'un fluide visqueux, légèrement jaune et translucide sous une faible épaisseur ; s'il est durci, on lui rend sa fluidité par l'addition d'essence de térébenthine. On l'emploie aussi à l'état de petits morceaux durcis, que l'on fait fondre sur le porte-objet. On expose la lamelle de verre bien essuyée à la chaleur modérée de la lampe à alcool sur la tablette de bronze ; on dépose avec une baguette une goutte de baume, qui s'étend, en abandonnant les bulles d'air sous l'action de la chaleur douce. Après, l'on place l'objet avec les pinces, on le recouvre d'une seconde gouttelette de baume, et l'on laisse tomber le couvre-objet, en ayant soin d'appuyer le bord, pour lui faire décrire un mouvement de charnière ; avec le manche d'un scalpel ou d'une pince, on appuie légèrement, ce qui donne la cohésion nécessaire, et refoule sur les bords le baume excédant. Laissé ainsi sécher, jusqu'à durcissement, le superflu est enlevé avec un petit ciseau ou une lame de canif, et toute la préparation est terminée par un nettoyage avec un linge imbibé d'alcool.

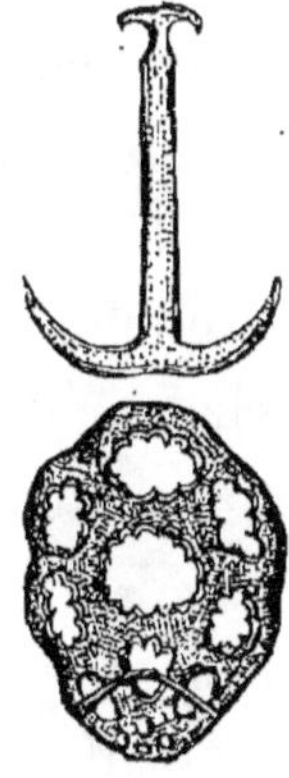

Fig 62. — Exemple de corps siliceux préparé au baume de Canada.
Ancre de *Synapta villata* séparé du pédicelle.

Les parties molles et cellulaires avant d'être mises dans le baume de Canada, seront imprégnées d'un liquide pouvant s'y incorporer par dissolution, tels sont l'alcool et l'essence qui les débarrasseront de l'eau qu'elles contiennent. Après un premier mélange avec les substances aqueuses, on les replonge dans une seconde ou une troisième jusqu'à assimilation complète, moment où le baume pénétrera bien. ·

Ce genre de préparations est simple, évitant la cellule, et excellent pour la conservation ; il est spécialement propre à la reproduction photographique, parce qu'il y a compression uniforme, et que le baume est doué d'une puissance de, réfraction et d'une perméabilité supérieure. Cependant il est à remarquer, que sous une certaine épaisseur, il donne des effets lumineux pouvant compromettre le succès dans les forts grossissements, à cause de ce que le rayon de soleil a la propriété de séparer les éléments qui constituent les corps composés. Comme le baume entre en fusion sous la chaleur développée par la lumière solaire réfléchie, on évitera de prolonger trop longtemps l'exposition.

Citons parmi les sujets qui subissent plus particulièrement cette méthode de préparation : les insectes, les organes cornés d'anatomie, les épidermes végétaux, les corps de tiges, les corps siliceux, les diatomées, les sels minéraux et végétaux, les coupes d'os et substances dures, etc.

Les préparations au *liquide* sont plus compliquées et s'adressent aux sujets humides et corruptibles, n'ayant pas par eux-mêmes la transparence nécessaire.

On trace à la tournette, sur le porte-objet, un cercle
épais de bitume de Judée, formant les parois d'une
cellule qui doit recevoir le liquide et la substance
préparée ; ceci est beaucoup plus simple que les cellules en matières étrangères, dont l'adhérence au
verre n'est pas toujours parfaite. Le nombre des
ciments usités est considérable, mais le bitume est
celui qui offre le plus de sécurité, quand il est amené
à un viscosité nécessaire pour obtenir une bordure
bien conditionnée. L'exacte fermeture après dépôt du
sujet baigné dans le liquide est le point capital du
travail ; on y procède en remettant le porte-objet sur
la tournette, avec laquelle on retrace un nouveau
cercle cémenté sur les bords du couvre-objet, en ayant
bien soin d'avoir rempli de liquide la totalité de la
cellule, sans avoir emprisonné de bulles d'air.

Les liquides usités par le micrographe sont variés à
l'infini, tous les produits chimiques ont été mis à
contribution, et combinés entre eux selon les qualités
qu'on leur suppose pour les tissus végétaux et animaux. Chacun d'eux, suivant certains micrographes,
exigerait un liquide particulier, lui donnant les
qualités requises pour une bonne observation. On
peut consulter à cet égard les travaux de MM. Beale,
Frey, Robin, Harting, Gerlach. Néanmoins, les plus fréquemment employés comme base sont : l'acide acétique, qui est déliquescent ; la glycérine, émulsive ;

la gomme, agglutinative ; l'acide phénique, très-an-
tiseptique ; le sel de potasse, dissolvant, etc. La puissance réfractive d'un liquide est importante pour
mettre en évidence la structure intime d'un objet,
car plus l'opposition entre la réfraction et le milieu
qui l'entoure est grande, plus il se verra d'une manière tranchée ; on l'aperçoit quelquefois distinctement à sec dans l'air, tandis qu'en le mettant dans
l'eau, certains détails sont offusqués.

La *coloration* est d'un grand secours dans les préparations destinées à la photographie, pour établir des
distinctions entre les différentes parties qui composent les éléments d'un tissu. Le fragment est plongé
à chaud ou à froid dans la solution, y demeurant
assez longtemps pour qu'il y ait imbibition de la
matière colorante. Les principales matières en usage
sont : la teinture de carmin, le vermillon, le chromate
de plomb, la fuchsine, et surtout les couleurs d'a-
niline ; le bleu de Prusse donne dans les reproductions photographiques des oppositions, mettant avantageusement en relief ce qui serait autrement irre-
productible.

Il est utile dans la plupart des dissections de pièces
anatomiques, d'isoler les éléments les uns des autres
sans les altérer, et de faire ressortir les traits caractéristiques de chacun d'eux. On y procède par une
injection d'un liquide, introduite à l'aide d'une petite

seringue à orifice capillaire, ou au moyen d'une pression continue, basée sur la pesanteur atmosphérique, ou sur celle d'une colonne de mercure chassant le liquide contenu dans un vase où elle vient plonger. La manière de procéder aux injections favorise d'une manière remarquable les recherches histologiques, elles permettent de scruter l'intérieur des vaisseaux capillaires; grâce à cette branche spéciale de l'art des préparations, on distingue une matière cellulaire ou vasculaire intérieurement, puisque le liquide colorant se substitue dans les petits vaisseaux au liquide naturel.

Les injections constituent, pour les sujets d'anatomie médicale pratique, une branche étendue, et multiplient l'art des préparations, qui demande un soin et des études particulières.

QUALITÉS PHOTOGRAPHIQUES DES PRÉPARATIONS

Toutes les catégories de préparations ne conviennent pas indistinctement à la photographie. Le point capital est d'en avoir *d'excellentes;* tout le succès est intimement lié avec cette condition. On concevra facilement toute l'impérieuse perfection qu'elles doivent posséder, puisqu'il est inévitable que les plus petits défauts soient amplifiés dans les mêmes proportions que le sujet lui-même ; une fois qu'elles en font partie intégrante, il est impossible de les évincer. Malgré toute l'habileté du photographe, il ne se peut faire que les défauts inhérents à un objet qu'il doit reproduire soient corrigés par les procédés opératoires.

Une préparation de qualité très-inférieure est cependant suffisante dans bien des circonstances pour fournir une bonne observation, parce qu'ici on exerce sa réflexion et son intelligence à suppléer à l'imperfection matérielle ; pourvu qu'on aperçoive un indice de la recherche entreprise, on devine d'après un simple coup d'œil un fait physiologique important. La photographie ne peut que traduire l'image formée par l'objectif ; presque toujours l'épreuve sera beaucoup moins bonne que semblait le faire présumer l'examen préalable avec l'oculaire ; les méprises sont fréquentes sur les écarts qui existent sur l'appréciation première, car elle ne rend pas les nuances qui ajoutent ou retranchent à la conformation. En outre, pendant le cours de l'observation, on a la faculté de changer le foyer constament, à la demande de chaque détail, afin de le mieux apprécier, au lieu que, sur l'épreuve, on n'a qu'un seul plan.

Sans exagérer la perfection qu'il n'est pas possible d'atteindre quelquefois, il est naturel qu'envisagée au point de vue technique, la photographie ait une valeur d'étude, devenant un document à l'appui d'une recherche, quoique n'étant pas satisfaisante à l'œil. On n'oubliera pas que, pour l'investigation scientifique, il s'agit moins d'obtenir une image jouissant d'un certain cachet artistique, qu'un témoignage exact, quoique brutal dans sa physionomie. Dans certaines acceptions, on ne peut viser à d'autres prétentions.

L'épaisseur réfringente du verre du porte-objet, combinée avec celle de la lamelle mince de recouvrement, est nuisible, avec un éclairage qui n'est pas tout à fait centrique. Le liquide qui entoure l'objet pour augmenter sa transparence et sa portion située au-dessous du plan focal que l'on reproduit, ont d'autant plus d'influence sur l'effet total, qu'ils se combinent avec un corps un peu épais. Les reflets développent quelquefois dans ces conditions des tons irisés compromettants, ou se fusionnent avec l'action chimique des nuances variées.

Comme qualités communes à toutes les préparations, on comprendra d'abord la planimétrie, qui permet de régler la distance focale uniformément pour tous les points. Deux vices principaux se présentent d'une façon générale : la trop grande transparence, ou la trop grande opacité. S'il y a trop de transparence, l'épreuve sera monotone, grisâtre, les détails ne se détacheront pas sur le fond terne ; s'il y a trop d'opacité, la lumière ne pénétrera pas le corps, ou elle ne le fera qu'en quelques endroits isolés qui deviendront

alors très-durs ; on rentre alors dans la catégorie des
corps opaques qu'on est obligé d'éclairer par en dessus.
C'est dans un juste équilibre, entre ces deux défauts
extrêmes, que l'on produira les meilleures épreuves ;
il faut une transparence qui donne du relief sans parties noirâtres, en conservant une certaine opposition,
pour diversifier le ton d'ensemble. On concevra aisément que toutes les natures de sujets que l'on a besoin
de photographier ne répondront pas exactement à
ces exigences, malgré les soins et tout l'art du préparateur. Alors, dans ces circonstances, la photographie,
quoique défavorable, vient encore à l'aide du dessin,
en préparant les formes générales. Examinons quels
sont les inconvénients inhérents le plus particulièrement à chaque catégorie de préparations.

Les préparations *anatomiques* qui sont fréquemment
faites au liquide ou colorées, conviennent beaucoup
mieux à l'examen direct virtuellement. Les liquides
colorés sont un obstacle, lorsqu'ils sont capables d'exercer une influence chimique sur les surfaces sensibles, à moins qu'ils ne servent que pour faire un fond,
sur lequel se détachent les objets ; mais s'ils sont in-
corporés dans un tissu, ils le dénatureront, s'il y a
assimilation de puissance photogénique. Le liquide
complétement incolore est inoffensif dans la production d'une bonne épreuve, si toutefois il n'a pas une
trop forte épaisseur qui provoque une diffraction.

Comme en général les contours des éléments anatomiques sont indéterminés, il est urgent d'embrasser une surface complétement couverte ; leur épaisseur demande qu'on s'en tienne aux faibles grossissements, variables jusqu'à 100 diamètres au plus. A défaut de transparence suffisante, l'éclairage par condensation par en dessus peut venir en aide à celui qui est obtenu par la réflexion spéculaire. Les liquides de l'économie et les détails délicats, supportent au contraire des grossissements très-forts et sont plus facilement reproductibles.

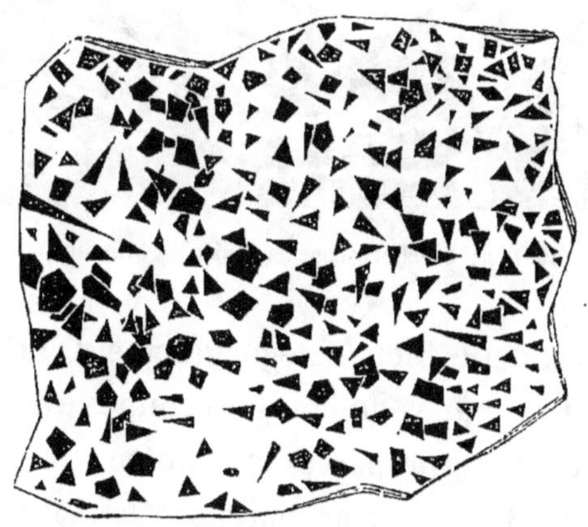

Fig. 63. — Fragment d'aventurine artificielle réduite en lamelle mince par rodage.

Les *coupes de substances dures* sont tantôt préparées au baume, tantôt au liquide. Leur défaut principal est d'être trop impénétrables à la lumière, si l'on a fait la section avec intention de ne pas altérer le tissu, l'amincissant trop ; car dans ce dernier cas, on tend à le dénaturer. Il importe donc avant tout d'avoir une épaisseur spécialement combinée pour la reproduction, qui mette en évidence le côté le plus intéres-

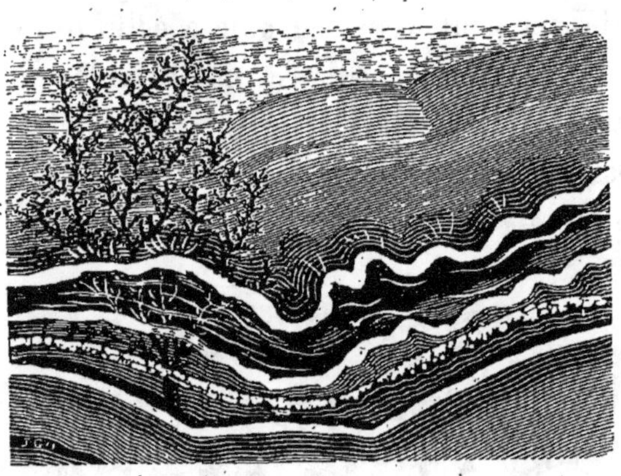

Fig. 64. — Agate avec arborescence réduite en lamelle par rodage.

sant, en rendant bien catégoriquement l'œuvre de la nature. Les coupes de bois, les coupes d'os, sont le plus fréquemment préparées au baume, qui leur procure une avantageuse transparence, laissant pénétrer la structure interne. Les substances minérales ne se coupent pas à cause de leur dureté, elles se rodent et se polissent, après quoi elles sont collées sur le porte-objet.

Les *insectes*, qui sont un intéressant sujet de reproduction, viennent mal, à cause de la couleur jau-

nàtre des parties principales, qui donnent des noirs
empâtés dans les masses, sans aucun détail apparent ;
aussi faudrait-il les préparer tout spécialement, avec

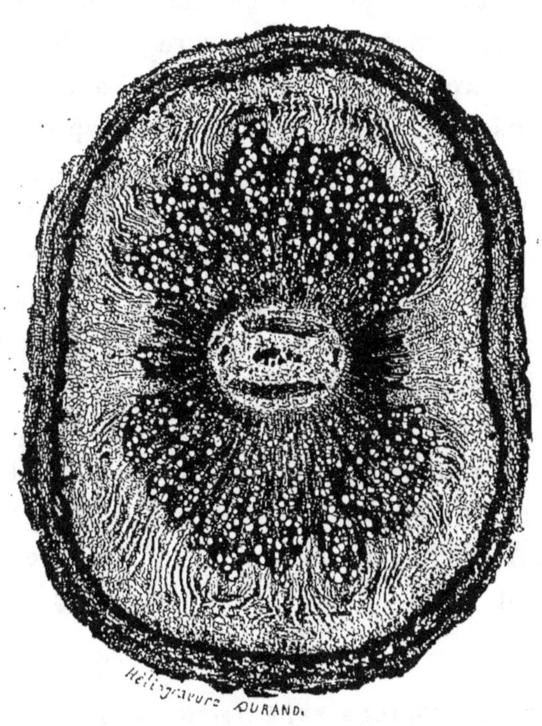

Fig. 65. — Coupe de tige de l'arbre à cire (*Myrica cerifera*).

intention de donner aux parties épaisses et foncées
une translucidité moyenne, tout en conservant une
certaine opposition pour les détails. Les organes par-
tiels viennent mieux, ayant une plus grande homogé-

10

néité de tons. Lorsque les sujets sont un peu grands, il n'est pas possible de les comprendre totalement dans le champ des faibles objectifs du microscope. Si l'on veut les obtenir entièrement, on est obligé d'agir comme pour une reproduction ordinaire ; les objectifs à portraits-timbres conviennent bien. Les parasites et les tout petits insectes sont d'autre part trop transparents, mais peuvent supporter des grossissements plus forts. Les *infusoires* sont particulièrement difficiles ; la chaleur les désagrége rapidement, on est contraint à opérer instantanément. M. Neyt a proposé de les tuer par une secousse électrique, pour qu'ils ne soient pas dissous avant l'opération. Dans le cas où l'on voudrait rendre visibles leur organisation intérieure, on les imbiberait d'un liquide coloré, du carmin par exemple, en déposant simplement une goutte à côté de l'infusoire, qui l'absorbe bientôt avec le liquide ambiant.

LES RECHERCHES EXPÉRIMENTALES

Dans la forme précédente, sous laquelle les prépations ont été envisagées, on voit qu'elles sont conditionnées dans le but de conserver un sujet d'étude, toujours prêt à l'observation ; elles composent ainsi des collections d'une réelle valeur technique. On ne s'imaginera pas cependant qu'il est indispensable de posséder dans tout son ensemble le talent, souvent difficile à acquérir, de monter convenablement les objets de collection ; il ne constitue qu'une partie relative de la science micrographique. Les études avec des préparations temporaires et rapidement faites, demandent que le soin mis ailleurs dans l'exécution matérielle soit négligé, au profit d'une attention soutenue dans le travail intellectuel, pour imprimer une judicieuse direction aux expériences.

La façon dont on opère et la nature des matériaux livrés à l'investigation, ne permettent pas fréquemment de les fixer d'une manière définitive. Pourvu qu'on ait le temps de saisir le caractère d'un fait, c'est souvent tout ce qui est nécessaire. Alors la photographie vient utilement en aide au micrographe, en conservant les traces des objets fugitifs, par une constatation exacte ; elle remplace une préparation de collection. On reconnaîtra néanmoins qu'en dehors de l'utilité purement technique, pour laquelle on s'attache seulement à une image vraie, les épreuves présentent un aspect peu attrayant. Rien ne l'est moins en effet qu'une teinte uniformément mate, sur laquelle on distingue sans reliefs d'ombres, des formations cellulaires, des ferments, des proto-organismes, des corpuscules informes, des bactéridies et différentes phases de la manière germinative. Pour un observateur qui en fait un objet spécial d'expériences, il y a pourtant un vif intérêt à en conserver un souvenir figuré.

Signalons succinctement les points principaux sur lesquels portent en général les recherches expérimentales.

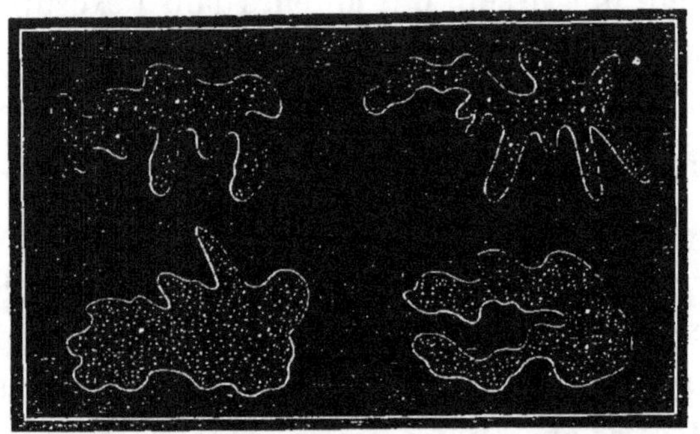

Fig. 66. — Différentes formes de *Sarcodes*, d'après des épreuves photographiques décalquées.

Les *tissus* animaux et végétaux, après dissection dans un liquide ou à l'air, ou coupés au microtome, se placent sous le *compresseur*, instrument à pression graduée, qui sert de couvre-objet provisoire. On peut ainsi en prendre à la rigueur une photographie, quand il y a des caractères distinctifs suffisants pour lui donner quelque valeur.

Quand on veut examiner *les organismes en suspension dans un liquide*, on le laisse déposer dans un verre à expérience dont le fond est conique ; puis, après avoir décanté la portion clarifiée, on obtient un résidu, où l'on puise une goutte avec l'extrémité d'une petite baguette, pour le mettre sur le porte-objet, et l'on recouvre d'une lamelle de verre mince. Le filtrage remplace ce moyen dans certaines circonstances ; cependant, dans une expérience délicate, le grain et la matière du papier sont nuisibles. Avec une pipette fine, on retire bien aussi les matières tombées au fond du vase.

Les phénomènes qui ont besoin d'être constamment dans l'*humidité* pour s'accomplir, s'observent dans une *chambre humide* de Recklinghausen ; elle consiste, en une peau imperméable, ou du caoutchouc en se raccordant d'une part à une cellule en verre annulaire, et de l'autre, à l'objectif du microscope, où elle est serrée par un fil ; comme il serait sujet à se détériorer, on ne le laissera pas longtemps exposé à l'humidité. On remplace quelquefois cet appareil en mettant en relation la cellule contenant le liquide avec un verre également rempli, au moyen d'un simple fil de coton, dont la capillarité compense la quantité perdue par évaporation.

Dans les expériences où un corps a besoin d'être *chauffé*, il est facile de s'organiser de sorte que le porte-objet repose sur une plaque de bronze perforée au milieu, pour laisser passer la lumière ; si elle est assez large et qu'elle déborde la platine, on place à côté une lampe à alcool, communiquant sa chaleur au porte-objet par l'intermédiaire du métal, ce qui prévient une dilatation qui ferait éclater le verre. M. Schultze a inventé un appareil, un porte-objet spécial ; une plaque de cuivre en forme d'U, percée pour les besoins de l'éclairage, porte au milieu un petit thermomètre oblique ; de chaque côté les bras font saillie, afin de permettre de placer dessous deux petites lampes à alcool. La cuvette du thermomètre est enfermée dans une petite boîte en cuivre centrale, et la tige monte sur une plaque métallique graduée.

Pour étudier les transformations et le monde si curieux des infiniment petits qui peuplent les eaux

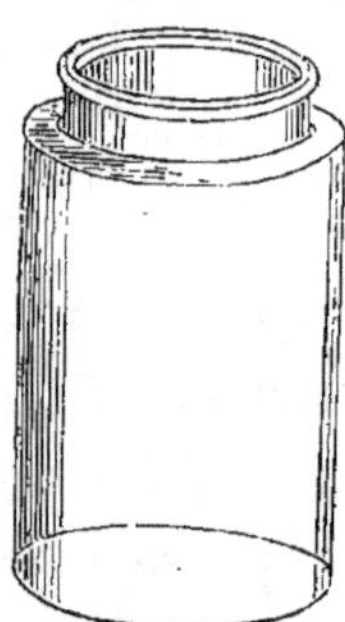

Fig. 67. — Flacon pour la récolte des infusoires.

douces et salées, tels que les infusoires, les conferves, les diatomées, on fait usage d'*aquaria*. Au retour des excursions de récolte, on en verse le produit dans des vases opaques ou transparents, divisant les différentes

natures de sujets ; on crée ainsi à sa portée les matériaux d'étude et les phénomènes de la vitalité s'accomplissent sous les regards du micrographe, dans un
petit espace, aussi bien que dans la vaste étendue des
eaux. Un aquarium demande à être placé à l'air exté

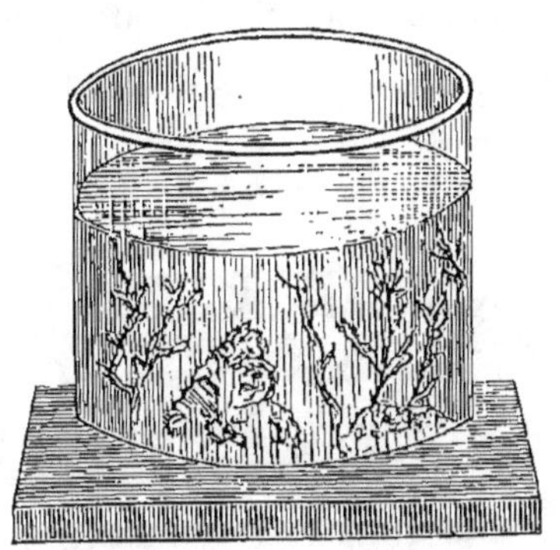

Fig. 68. — Aquarium pour l'étude des animaux et végétaux aquatiques.

rieur et au soleil, dans un endroit exempt de poussière, l'eau évaporée à être remplacée, et une constante sollicitude avec une attention soutenue des
métamorphoses qui s'y passent constamment.

L'examen des *cryptogames microscopiques* réclame
des soins particuliers, non pas pour y procéder par
simple vision, mais surtout pour se rendre compte
des divers degrés d'avancement et des périodes de leur
germination. Le docteur Maddox (*Microscopical Journal*, janvier 1870) recommande de se servir de cellules en forme d'U, à plat sur un porte-objet, dont

l'une plus petite que l'autre est placée intérieurement
en sens inverse ; un couvre-objet est appliqué sur ces
parois peu épaisses. L'air est ainsi admis librement,
quoique indirectement. Une étude sérieuse implique
une *culture* suivie et de plusieurs spécimens à la fois,
en tenant compte de la température, de l'humidité et
des conditions générales dans lesquelles sont abandon-
nés ces spécimens.

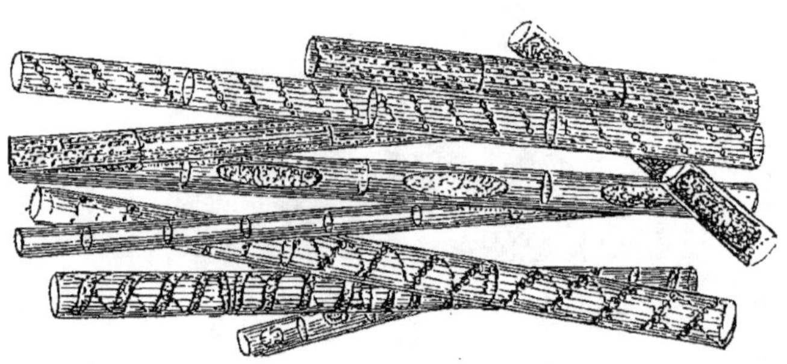

Fig. 69. — *Spirogyra* (Conferves) avec endochrome réparti de différentes
manières.

La micrographie infinitésimale qui s'attache aux
atomes atmosphériques a beaucoup exercé la sagacité
des expérimentateurs sans avoir été rémunératrice.
L'étude de la matière organique, très-problématique
d'ailleurs, a vivement agité l'arène scientifique. Le
procédé le plus simple pour recueillir des particules
aériennes consiste à remplir le tuyau d'un soufflet, de
ouate de coton pas trop serrée ; l'air qui le traverse
sera filtré et débarrassé des matières flottantes. C'est

le filtre de Schrœder, employé par Tyndall. S'ils n'étaient pas arrêtés, les corpuscules chassés seraient immédiatement remplacés par d'autres. L'influence électrique qui fait tourbillonner ces atomes les rend souvent impossibles à fixer, même sur une matière agglutinative ou humide. On observe dans l'eau, en se servant de combinaisons optiques puissantes, ou à sec si l'on craint l'introduction de germes étrangers. Leur éloignement a toujours constitué une des principales difficultés pour la sécurité des résultats ; dans quelques expériences on a eu recours au vide, afin d'évincer tout contact perturbateur.

Dans ces études accidentelles, le secours de la photographie ne devient réellement profitable que si les corpuscules qu'elle est appelée à représenter ont une forme qui ne soit pas trop indécise ; autrement elle donnerait lieu à une fausse interprétation, déjà trop favorisée par la manière indéterminée dont se présente le sujet.

Si l'on veut observer la cristallisation de la glace ou de la *neige*, on est contraint de se livrer à cette étude, en se tenant dans une température ambiante convenable à la production des phénomènes. La neige se reçoit sur un drap noir porté sur la platine du microscope aussitôt sa chute. La température de —3° est la plus avantageuse pour la formation des cristaux.

Ces quelques indications sommaires des méthodes

suivies par l'expérimentation démontrent, que dans la dextérité manuelle seule, ne réside pas tout le talent du micrographe ; mais que l'esprit d'observation a une large part dans la réussite des investigations..

Fig. 70. — Zoophyte : *Æquorea vitrina*.

VIII

LES TESTS-OBJETS

———

UTILITÉ DES TESTS-OBJETS

Quand on veut attribuer à un instrument sa juste valeur, on le vérifie sur un type gradué, une sorte d'étalon pris pour unité de comparaison. Pour juger du degré de perfection d'un objectif de microscope, on examine attentivement un objet d'une texture fine et délicate, qui lui fasse subir une épreuve de pénétration et de netteté ; *test* (épreuve)-*objet*.

Les tests ne s'adressent généralement qu'aux objectifs puissants, car, pour les autres, leur fabrication ne présente pas des difficultés aussi grandes. On choisit des sujets microscopiques naturels ou artificiels très-parfaits dans leur infinie petitesse, qui permettent, par la manière plus ou moins heureuse dont les plus petits détails sont interprétés, de reconnaître la qualité relative de l'objectif. Les plus subtils demandent de la part de celui qui les étudie une grande habitude d'observation, autant dans la manœuvre du microscope, autant que dans l'appréciation visuelle.

Cet exercice convient particulièrement à la photomicrographie ; elle donne un moyen catégorique, à ces études expérimentales, de confirmer les différences les plus légères entre les tests de toute nature. C'est la sanction portée par la lumière. En même temps que l'on paye un juste tribut de vérité au constructeur, c'est aussi une preuve d'habileté pour celui qui conduit à bonne fin une opération aussi délicate. Elle exige en tous points un rigoureux soin dans les opérations. Si on reconnaît par un simple coup d'œil avec l'instrument un test bien résolu, il est nécessaire pour savoir le faire paraître en photographie avec avantage, de combiner avec perspicacité l'éclairage et l'intensité du développement du négatif, avec les moyens qui tendent à en rehausser les points sur lesquels est attirée l'attention. La résolution des tests est un cas particulier de la photomicrographie, elle est aussi le but intéressant et utile de ceux qui pratiquant avec suc-

cès, veulent définir la limite de puissance et de rectitude des objectifs supérieurs ; l'essai préalable sur un
test reconnu généralement bon, est une bonne précaution avant de s'en rendre possesseur définitif. Ceci
ne doit pas être considéré uniquement comme sujet accidentel d'expérimentation photomicrographique , ni
d'une vaine utilité pour l'art micrographique en général, ni non plus comme un simple travail attrayant
pour un amateur habile ; en servant à prouver l'habileté des artistes qui les fabriquent, ils suscitent une
émulation profitable, forcent les opticiens à faire de
plus grands efforts dans l'amélioration de leur taille
de lentilles. Il résulte de là qu'avec les progrès modernes, on est arrivé à atteindre des améliorations supé-
rieures, permettant aux savants d'étudier plus pro-
fondément les perfections de la nature infiniment
petite, et de faire d'importantes découvertes, en y pé-
nétrant plus intimement avec les instruments d'investigation puissante ; souvent la solution des effets physiologiques de haute importance en dépend.

LES FORTS GROSSISSEMENTS

Certains micrographes ont regardé les forts grossissements comme étant d'une utilité secondaire pour la plupart des découvertes relatives aux sciences naturelles ;

abstraction faite des spécialités d'études, on ne saurait justifier cette opinion, que quand ils ne font pas distinguer plus parfaitement les objets ; mais ne sachant les appliquer à propos, ils provoquent des révélations de haute importance.

Un grossissement qui dépasse environ 500 diamètres est considéré comme fort ; on a atteint des limites extrêmes, soit avec le microscope employé comme instrument d'observation, en forçant les oculaires et allongeant le tube, soit en photographie au moyen d'amplification d'un négatif. Les exagérations ont fréquemment pour résultat de donner des assertions incorrectes, lorsque, séduit par une espérance peu raisonnée, le débutant leur demande une solution à laquelle elles ne sauraient répondre.

L'observation diffère souvent de la photographie dans l'aspect, sinon dans la réalité : les influences lumineuses intervertissent les reliefs des corps et les objectifs tendent toujours à produire une certaine déformation, un empâtement des détails. Avec un objectif fort et une grande distance de foyer, l'interférence et la diffraction deviennent très-sensibles, sans même qu'on puisse les voir avant que l'image photographique soit terminée, car des nuances lumineuses imperceptibles pour l'œil le deviennent par l'action des agents révélateurs. Quand deux faisceaux s'influencent mutuellement, il y a émission de franges et d'ondes interférentes, c'est leur superposition qui donne en certains points de la lumière et dans d'autres de l'obscurité. Les milieux liquides ou solides dans lesquels sont préparés les tests ou sujets soumis aux forts grossissements, ont un certain pouvoir dispersif qui s'annonce par des ondulations et des reflets ; elles viennent se compliquer de la réfraction due à l'épaisseur du couvre-objet, après avoir déjà subi celle de la lamelle de verre porte-objet, et ensuite de la mince lame d'air comprise entre eux deux pour les préparations à sec, moins sensibles du reste que les autres. Pour éviter ces nombreuses causes d'insuccès qui assaillent l'opérateur muni des meilleurs objectifs, il tournera principalement son attention sur la combinaison de l'éclairage, relativement aux incorrectitudes auxquelles il donne lieu.

Un test ne donne cependant pas une appréciation indiscutable et définitive de la perfection d'un objectif; il faut avoir fait un long usage et une étude comparative pour être à même de prononcer un jugement ; il sert à donner une définition et à formuler une opinion au premier abord. Ensuite on est obligé de reconnaître que des tests bien choisis feront valoir tel objectif, qui, avec d'autres, semblera perdre beaucoup de ses qualités, parce que sa construction se prêtera au caractère de certains objets employés pour les épreuves.

Les considérations exposées au chapitre des grossissements, s'appliquent surtout aux grossissements qui sont la dernière expression de la micrographie supérieure. On commence d'abord par rencontrer quelques obstacles et un travail pénible pour mettre au point correctement, pour manier le porte-objet en amenant sous la lentille frontale le sujet cherché, pour mettre le miroir au foyer qui concentre le plus de lumière, tout en les dirigeant avec un certain artifice, enfin pour trouver le point de correction de l'objectif. La photographie a besoin d'un soin spécial, afin de produire un négatif développé, de façon à mettre les minutieux détails en évidence ; en conséquence, il sera bien transparent et d'un degré d'intensité proportionnel à ce qu'on veut exprimer.

Mentionnons parmi les artistes qui sont renommés à juste titre, par le perfectionnement des objectifs qu'ils livrent : MM. Nachet et Hartnack, à Paris ; MM. Ross, Beck, Powell et Lealand, en Angleterre ; Merz à Munich, Hasert à Eisenach, Plœssl à Vienne, Schrœder à Hambourg, en Allemagne ; Wales de Fort-Lee (New-Jersey), New-York, Spencer et Tolles, en Amérique.

LES TESTS NATURELS; LES DIATOMÉES

Plus l'art de l'opticien a reçu de perfectionnements, plus aussi on a cherché dans la nature organique des tests subtils ; il y a une trentaine d'années, on proposait les plumules d'ailes de papillons, aujourd'hui, ce test serait regardé comme peu concluant. Les micrographes anglais regardent l'écaille de la *podure* comme un très-bon test d'expérimentation. Amici, le plus célèbre constructeur de microscopes de cette époque les recommandait beaucoup, au lieu qu'actuellement on considérerait avec défaveur un instrument qui, sous un grossissement de deux cent fois qu'il faut pour les observer, ne les monterait pas parfaitement. On a maintenant recours aux *diatomées*, petites plantes classées au dernier échelon de la famille des algues, qui attirent spécialement l'attention des micrographes à cause de leur délicatesse alliée à leur infinie perfection géométrique, et surtout parce qu'elles peuvent facilement supporter les plus forts grossissements.

Les diatomées (διά, à travers ; τέμνω, je coupe) sont « des plantes aquatiques d'un frustule, consistant en une cellule uniloculaire, investie d'un épiderme bivalve et siliceux ou silico-gélatineux. » (Smith.)

Elles se trouvent abondamment dans les eaux douces et salées, croissant en parasites sur d'autres plantes d'ordre supérieur.

Le micrographe s'y attache avec prédilection ; elles sont la plus intéressante des études, par le rôle important qui leur est attribué dans la micrographie à cause

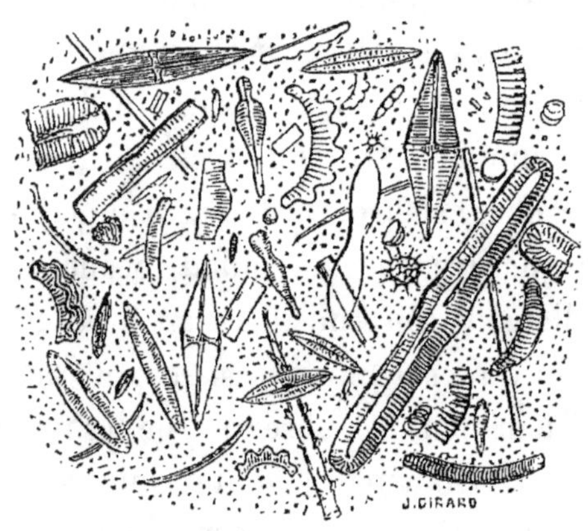

Fig. 71. — Diatomées de la terre fossile de l'île de Mull (Écosse).

de leur supériorité comme tests, étant d'une délicatesse infinie où se manifeste l'expression de la perfection des plus infiniment petits sujets de l'histoire naturelle. Pour la photographie, elles offrent des graduations d'obstacles divers, qui sont un acheminement vers les meilleures solutions de tests. Les unes ont dans leur régularité symétrique des arêtes et des proéminences striées, où viennent échouer même les bons

objectifs ; si l'on a obtenu des images satisfaisantes
pour un certain nombre d'entre elles, il en existe
beaucoup d'autres dont les formes et la constitution
n'ont pas été encore bien appréciées.

Les diatomées se préparent le plus fréquemment au
baume de Canada, ou quelquefois, lorsqu'il s'agit de

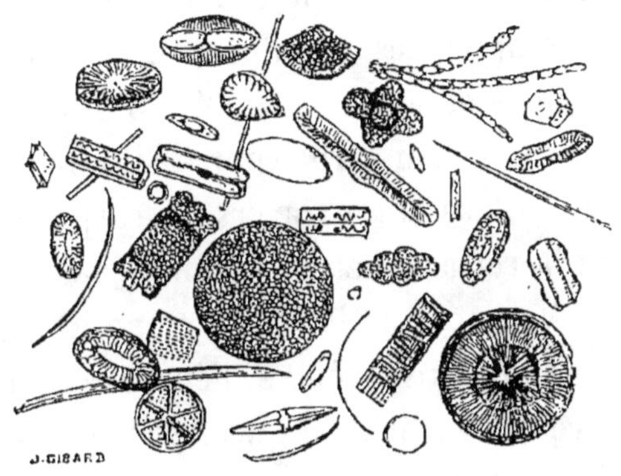

Fig. 72. — Diatomées marines (Rade de Cherbourg).

les employer comme tests, on les laisse à *sec* dans une
cellule protectrice ; on enlève ainsi certains effets de
perturbations lumineuses et on leur laisse plus d'opacité, si l'on craint qu'elles ne soient trop translucides,
défaut assez commun. Il importe qu'elles n'encom-
brent pas le porte-objet, étant les unes sur les autres,
il existerait plusieurs plans qui rendraient impossible
la mise au foyer. Néanmoins, elles y seront éparpil-

lées avec une certaine abondance, pour permettre de faire un choix parmi les meilleures, et surtout bien débarrassées d'endochrome par plusieurs lavages à l'acide étendu.

Rien mieux que la photographie n'est capable de rendre ces détails ; le trait du dessin donne une expression dure, au lieu du moelleux d'une épreuve ; ils y sont avec une telle précision, qu'avec une pointe on peut compter les cellules (sur un *Coscinodiscus centralis* nous en avons compté 25,000). Mais aussi on doit se mettre en garde contre les effets trompeurs de la lumière passant à travers un corps silico-gélatineux qui la réfracte, et aussi contre les textures des frustules éloignées de la forme plane. On étudiera la différence qui existe entre l'épreuve obtenue avec l'incidence des rayons obliques, et l'éclairage centrique, s'il y a nécessité de reporter sur un condensateur l'excès de l'un ou de l'autre. Les interférences qui ne se manifestent d'une manière sensible que sur l'épreuve, étant auparavant invisibles sur le verre dépoli, sont dues autant à la direction imprimée aux rayons, passant ensuite à travers l'objectif composé de plusieurs lentilles, qu'à l'intervention résultant de leur passage à travers la matière diatomique très-inégale dans les diverses épaisseurs, laissant passer ici la lumière, la réfractant à côté suivant un angle d'incidence plus ou moins ouvert. Le rayon réfracté et le rayon incident ne sont pas généralement dans le même plan normal à la surface réfringente,

La texture des frustules, jointe à leur transparence capricieuse et à l'irisation de quelques-uns, offre des reliefs assez forts pour que plusieurs plans sur une même épreuve apparaissent confusément; on a le

Fig. 75. — Diatomées : *Arachnoidiscus, Aulacodiscus, Heliopelta Coscinodiscus, Triceratium*, etc.

choix de ne prendre qu'un seul plan, celui qui semble le plus intéressant, ou de mettre au foyer sur un plan moyen; la diatomée qui est dans ces conditions peut être curieuse à reproduire à cause de ses caractères génériques, mais elle répond mal à ce qu'on a besoin d'obtenir pour un bon test (ex : *Aulacodiscus, He-*

liopelta, *Isthmia*, *Amphitheatras*, *Biddulphiées*, etc.).

Un habile préparateur de diatomées, M. Moëller, de Weddel (Holstein), a imaginé de mettre à contribution celles qui sont reconnues comme étant les meilleures. Il a groupé sur une seule lamelle de verre en une ligne, des diatomées graduées selon la difficulté qu'elle présentent dans leur résolution comme tests, de sorte que les premières soient très-aisées à reconnaître, et que les dernières, très-subtiles, puissent témoigner de la qualité d'un bon objectif. Ses « proben-plate » en contiennent 20, puis 30; il a aussi placé sur un même porte-objet les 406 diatomées de la classification de Grunow, et enfin, il en a exécuté pour le « Medical Army Museum » une qui en contenait 700.

Voici quelles sont les diatomées dont l'usage est le plus répandu pour remplir l'office de tests; dont leurs cellules sont les plus régulières, la valve plus plane, et présentant des caractères remarquables de finesse dans les stries ou les protubérances : les *Pleurosigma* offrent dans la classe nombreuse des *Navicules* une nature de texture beaucoup étudiée (*P. angulatum, P. quadratum, P. formosum, P. attenuatum, P. hippocampus, P. decorum*, etc.). Le P. angulatum est usité par les fabricants d'instruments pour leurs objectifs à correction et à immersion; l'incidence des rayons produit des lignes de stries qui se croisent, on remarque aussi une partie ombrée dans l'intervalle de

deux lignes consécutives, exprimant des cercles ou
des hexagones mal définis, indiquant des cellules au
lieu de lignes; avec un bon objectif et un éclairage
un peu oblique, on se convaincra que les solutions
données par beaucoup d'expérimentateurs divers se
résument à admettre que la valve de cette diatomée

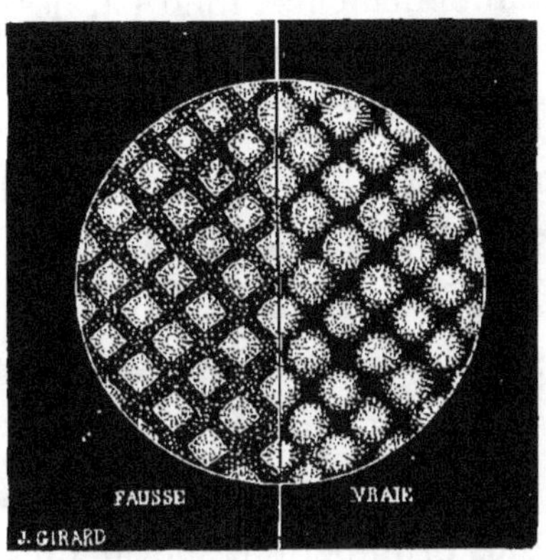

Fig. 74. — Indication des effets d'interférences dans l'interprétation
Pleurosigma angulatum employé comme *test-objet* photomicrographique.

est en réalité couverte de protubérances hémisphé-
riques, devant la modification de son aspect aux jeux
de la lumière. Les ombres portées s'étendant à la suite
des autres suivant une ligne droite font croire à
l'existence d'une strie. Cette cause d'erreur a tendu à
accréditer les stries pour les ponctuations saillantes,
qui sont à considérer comme un caractère générique
dans la classe des diatomées. Ce fut M. Hunt qui, le

premier, présenta cette observation ; M. Mouchet propose le prisme de Reade comme étant très-efficace pour obtenir une vision nette. M. Woodward a fait une photographie agrandie au grossissement de 19,500 diamètres, donnant sur l'épreuve positive même des illusions optiques indéterminées : en le regardant suivant une certaine incidence, l'œil paraissait apercevoir des cercles, et suivant une autre, ils se transformaient en hexagones. Le P. angulatum photographié par M. le docteur Maddox au grossissement de 5,000 diamètres, présentait le même caractère. A l'Exposition universelle de 1867, M. Lakerbaüer en avait exposé une épreuve, où les protubérances se traduisaient par des cercles avec un point central ; une épreuve amplifiée tirée sur verre pour vue stéréoscopique rendait le relief des protubérances évidentes. — La *Surirella gemma* est fort préconisée aussi comme expérimentation des plus forts systèmes lenticulaires ; cette diatomée, regardée par M. Hartnack comme test de premier ordre, présente des lignes saillantes transversales reliant la périphérie à la ligne médiane, entre lesquelles il existe un réseau très-fin ; si elle est préparée au baume de Canada, les stries peuvent rester invisibles ; il faut une lumière très-oblique, un éclairage bien homogène. Les *Grammatophora*, et notamment le *G. subtilissima* sont réputés comme bons tests, mais il est à remarquer que les arêtes ondulées

proéminentes qui existent sur les faces les plus larges,
créent un obstacle dans une mise au point simultanée
avec le réseau inférieur. Les protubérances ou ponctuations ne sont visibles que sous un grossissement de
2,500 à 3,000 diamètres des détails que l'on cherche.

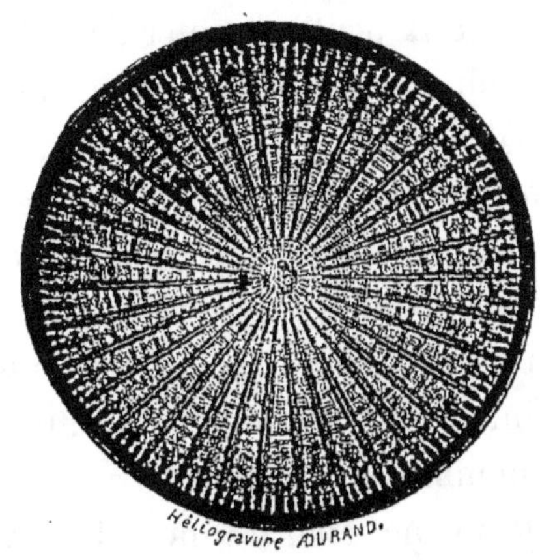

Fig. 75. — Diatomée discoïde : *Arachnoidiscus Japonicus.*

Les *Discoïdes*, tels que les *Arachnoidiscus*, les *Coscinodiscus*, *Meridions*, *Actynocyclus*, etc., sont d'une
curieuse structure organique, ils offrent matière à belles
épreuves photographiques, mais leurs arêtes et la
disposition des cellules n'ont pas des caractères assez
accentués comme tests de choix; on les voit très-bien
avec un objectif ordinaire. — Les *Navicules*, tantôt
évincées par les expérimentateurs, procurent, pour

quelques-unes de bons tests ; seulement, étant très-petites, on aurait une épreuve photographique d'une dimension trop peu considérable, par rapport au champ fourni par le microscope.

L'expérimentateur se pénétrera dans ces subtilités micrographiques de cette remarque, que la résolution des diatomées-tests peut présenter des différences par les variétés d'un même genre, par le moment de la récolte où le développement du sujet est variable et par la manière dont elles ont été préparées. Ces conditions demanderaient à être pleinement remplies d'une manière uniforme, pour qu'il soit entièrement admissible qu'on établisse des raisonnements péremptoires ; l'opinion qui prévaut sur la nature des stries et sur leur nombre dans la partie visible des frustules, change même selon les individus de semblable espèce avec de fortes différences.

LES TESTS-OBJETS ARTIFICIELS

Les tests organiques, et particulièrement les diatomées, offrent dans l'exercice courant de la micrographie un moyen d'appréciation suffisant, et sont aussi d'instructifs sujets d'étude ; mais elles ne présentent pas cependant la rigoureuse précision mathématique nécessaire comme terme de comparaison dans les

solutions décisives d'une grande délicatesse. On a recours alors à un *test artificiel*, consistant en une série
de stries très-fines gravées sur verre, ayant beaucoup
de ressemblance avec un micromètre.

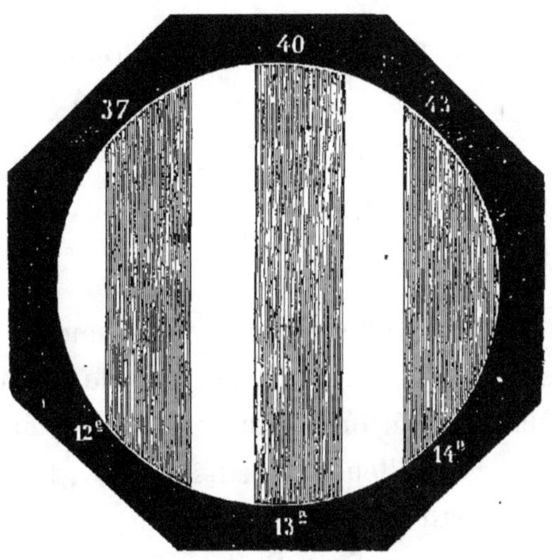

Fig. 76. — Fac-simile de *test-objet* artificiel de Norbert. — 12ᵉ, 13ᵉ, 14ᵉ bandes
d'après une épreuve photographique de M. Woodward.

Un habile artiste de Barth (Poméranie), M. Nobert,
a imaginé de tracer sur verre avec le diament des
groupes de lignes parallèles, dont l'écartement va
toujours en diminuant, le procédé mis en usage pour
parvenir à les tracer avec précision est un secret particulier. Dans ses premiers tests, il y a environ vingt-

cinq ans, il plaçait dix groupes, dont l'écartement des lignes était pour le premier groupe de $\frac{1}{1000}$, et celui du dernier de $\frac{1}{4000}$. Devant les progrès nouveaux, le moyen d'essai devenant insuffisant, il livre des tests composés de 30 groupes.

Le 1er contient 443 lignes dans un millimètre.
<pre>
 5   —   806   —
10   —   1,612   —
15   —   2,215   —
20   —   2,655   —
25   —   3,098   —
30   —   3,544   —
</pre>

Naturellement, plus le perfectionnement des objectifs est avancé, plus il est possible de compter de lignes. Mais les derniers groupes sont à peine résolubles avec les meilleurs objectifs actuels ; la question de la vision nette n'est donc pas encore tout à fait tranchée. On est aussi conduit à remarquer que ces lignes tracées sur verre avec une haute perfection ne sont cependant pas exemptes des éraillures ou effritements du diamant qui les trace ; à la photographie, elles font ressauter un peu les ondes lumineuses passant à travers le verre, produisant quelque incertitude dans la finesse des lignes sur l'épreuve, selon la différence de la nature du verre, tantôt plus ou moins dur, qui se laisse en conséquence entailler variablement par le diamant. Les solutions des derniers

groupes sont encore partagées et contestées, car on
ne se rend souvent pas compte si c'est une ligne
réelle ou une ligne fictive, émanant de l'ombre d'une
ligne droite.

Les tests de Nobert ont été de la part de M. Woodward l'objet de photomicrographies expérimentales au
laboratoire de l'« Army medical Museum, » à Wa-
shington; dans une première série d'études, il a essayé
des objectifs de Powel et Lealand, avec des grossissements de 1,000 et 2,000 diamètres; il a obtenu avec
la lumière violette du prisme, qui est le plus favorable sous le dernier de ces grossissements, après
amplification, les lignes de la 15ᵉ bande d'un test en
comprenant 45. Dans une plus récente étude, il a
résolu la 16ᵉ et 17ᵉ. Il faisait observer que les bandes
de la première série étaient irrégulières, et présen-
taient des ondulations nuisibles à la netteté, attri-
buées à des inégalités infiniment petites de la surface
du verre; quand on examine les séries les plus élevées
avec un objectif excellent, si l'éclairage n'est pas parfaitement correct, il arrive généralement que l'on ne
voit pas les lignes vraies, mais à leur place, des lignes
réfléchies beaucoup moins nombreuses que ne de-
vraient être les premières.

Harting, professeur à l'université d'Utrecht, a imaginé un test dioptrique, basé sur l'examen de petites
bulles d'air d'un liquide gommeux, permettant d'ex-

primer comparativement en chiffres la valeur d'un objectif. Les résultats dépendants des conditions variables, sont uniquement individuels.

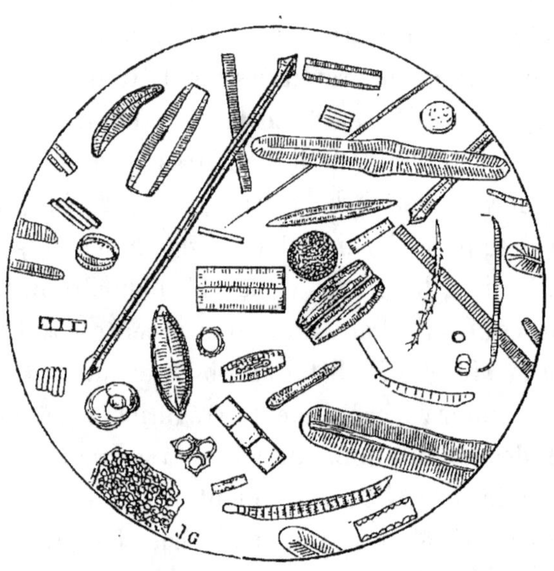

Fig. 77. — Diatomées de la craie de Santa-Fiora (Toscane).

IX

LES PROJECTIONS

LES COURS SCIENTIFIQUES

Lorsqu'un professeur fait une description orale
dans un cours de sciences naturelles, il ne parviendra
que péniblement, malgré son talent, à inculquer à
ses élèves les formes vraies des choses dont il les entretient. Il les fera difficilement pénétrer dans l'esprit
des auditeurs, s'il ne dispose pas de moyens qui en
placent sous leurs yeux une image exacte. La combinaison de la description orale avec la démonstration est un grand avantage pour celui qui enseigne,

parce qu'il rend clair ce qu'il énonce, et par conséquent le fait mieux comprendre.

Dans ces dernières années, on a employé dans les
conférences scientifiques des moyens énergiques pour
instruire les gens du monde, pour porter l'instruction
dans les masses, « en instruisant en amusant et en
amusant en instruisant. » Les projections à la lanterne remplissent cette devise à laquelle doit tendre
la science pour se répandre de plus en plus. Au moyen
de la vieille lanterne magique, perfectionnée et adaptée
à des expériences plus sérieuses, on projette les sujets
de toute nature ; une lanterne à projection est devenue
le complément indispensable de tout établissement
scientifique où l'on professe. C'est surtout un excellent
instrument pour la démonstration microscopique, si
embarrassante devant une réunion quelconque, à
cause de la difficulté de donner une fidèle expression
du sujet traité. Ce spectacle, du reste, excite beaucoup la curiosité, en montrant les représentants du
monde microscopique trop peu connus, projetés dans
des dimensions énormes ; étant faites d'après des
photographies ou sur les objets mêmes, elles ont pour
les spectateurs une valeur de premier ordre, puisque
ce n'est pas une image plus ou moins bien interprétée,
pouvant quelquefois, par l'omission d'un détail, être
fictive, mais c'est la nature prise directement par la
physique, aidée des ressources de la chimie, aussi

exacte que si l'on observait directement l'œil dans le
microscope. Le professeur suit son idée et la développe
sans être détourné par des causes étrangères; enfin,
quand on étale les merveilles des infiniment petits
devant les spectateurs, un intérêt plus puissant surgit,
l'œil et l'oreille sont plus attentifs aux leçons devenues plus attrayantes.

On avait inventé les microscopes à plusieurs corps
ou multiples (M. Nachet, M. Higley) dans l'intention
de donner au professeur la possibilité de faire suivre
à deux ou trois élèves la manipulation microscopique.
Ces instruments conservent leur véritable destination,
tant qu'il s'agit de dissections, de démonstrations qui
ne s'adressent qu'à un nombre très-limité de personnes. La lanterne ou le microscope photo-électrique offrent plus de simplicité et plus d'ampleur dans leurs
résultats. De plus, ici ne s'adressent plus les reproches
énoncés à l'article des grossissements exagérés, qui sont
transformés en fantasmagorie ; en projetant à la lanterne des positifs sur verres photographiques très-nets,
on rentre dans la catégorie d'un agrandissement dont
les limites extrêmes peuvent être atteintes, puisque
l'image reçue sur l'écran est jugée à distance par les
spectateurs.

Il importe de diriger son choix sur la photographie
des vrais infiniment petits, parce que leur agrandissement gagne remarquablement ; ce qu'il ne faut pas

confondre avec l'avantage d'avoir une grande surface couverte sur l'écran. Pour les objets qui ne peuvent supporter qu'un faible grossissement, on a souvent intérêt à les projeter directement, tels qu'ils existent, sans avoir recours à l'intermédiaire d'une photographie, parce qu'ils sont montrés ainsi avec leurs couleurs véritables, au lieu que l'épreuve rend impossible ce complément qui rehausse l'intérêt des expériences. Par contre, il est à remarquer que dans plusieurs circonstances, la projection faite à l'aide d'un positif sur verre est préférable quand on craint que la chaleur détériore une préparation microscopique ; ce qui arrive, tant avec celles au baume qu'au liquide, pourvu qu'elles restent exposées quatre à cinq minutes au foyer d'un microscope vivement éclairé. Si la description orale se prolonge, on voit au milieu de l'explication le sujet anéanti par la chaleur ; c'est une perte regrettable pour une préparation de prix et une déception pour le professeur. L'excès de calorique n'est pas autant à redouter pour une épreuve sur verre, si ce verre est bien homogène, et qu'un courant d'air accidentel ne vienne pas dessus, autrement il se fendillerait. On le conserve ainsi en projection toute la durée de l'explication, sans avoir à redouter un effet funeste.

Les projections semblent répondre tout particulièrement à l'enseignement de la micrographie, et notam-

ment quand la photomicrographie vient lui prêter son
précieux concours ; les curiosités révélées par le
microscope sont inépuisables. Pour les soirées ou
récréations scientifiques, citons comme expériences

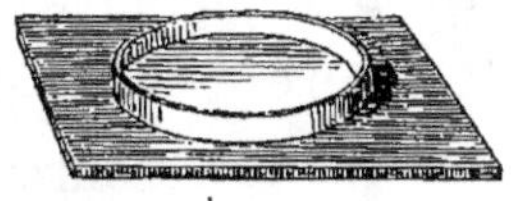

Cellule pour les liquides.

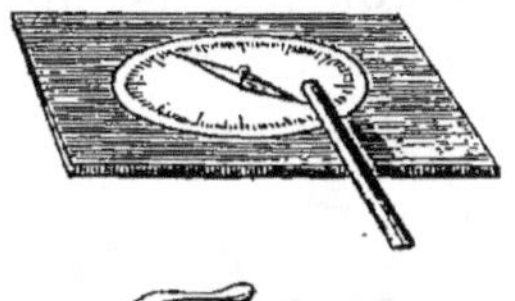

Aiguille aimantée.

Toupie pour l'étude des couleurs complé
mentaires (disque de Newton).

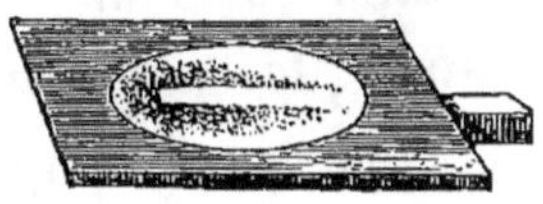

Barreau aimanté plongé dans la limaille
de fer.

Fig. 78. — Pièces accessoires de démonstrations pour les projections.

réussissant bien et offrant de l'intérêt : les infusoires
dans une cellule remplie d'eau, les valves des diatomées avec leur réseau si parfait, le mouvement *brow-
nien*, la circulation de la séve dans le *Nitella* ou le
Chara, les parasites, les organes délicats d'insectes,
etc. Au delà du domaine infini de la micrographie, on
peut encore citer dans les sciences physiques : la

théorie de la lumière et la polarisation, l'ébullition de l'eau, l'évaporation, les merveilles de la cristallisation sous l'influence de la chaleur, la respiration par un tube flexible qui vient aboutir à une cellule de verre ouverte, les phénomènes de dichroïsme que présentent certains cristaux, les produits colorés retirés de l'aniline, la décomposition des sels par un courant électrique et une multitude de phénomènes les plus curieux.

LA LUMIÈRE CONVENABLE AUX PROJECTIONS

La disposition usitée dans les projections n'est à proprement parler qu'une modification de l'ancien microscope solaire ; participant aussi de l'appareil d'agrandissement, et ayant certains rapports avec l'appareil photomicrographique destiné à prendre des épreuves, l'éclairage consiste toujours en une lumière réfléchie à travers l'objet et passant ensuite par un système lenticulaire grossissant. Quand il s'agissait de photographie, nous avons recommandé la lumière solaire de préférence à la lumière artificielle, parce que la qualité de la première compensait amplement les inconvénients provenant de son irrégularité. Lorsque l'on fait des projections, le contraire a lieu : la lumière solaire concordera rarement avec les exigences

d'un moment déterminé ou la disposition d'une localité. Afin d'être en toute sécurité, il est beaucoup préférable de se servir d'une lumière artificielle que
l'on appropriera aux besoins particuliers des expériences.

La lumière *électrique* offre une grande intensité ;
elle est *perçante*, claire, fait bien valoir les photographies ; elle serait la première à adopter, si son vif
éclat n'était pas obtenu aux prix d'installations dispen-
dieuses et encombrantes. Le générateur d'électricité
auquel on a le plus fréquemment recours, consiste en
une pile d'éléments multipliés ; la pile Bunsen, par
exemple, composée de zinc et de charbon, est une des
plus énergiques, il faut cependant 60 à 100 éléments
pour produire une lumière d'intensité suffisante. Ils
nécessitent des manipulations fastidieuses, répandent
des vapeurs nitreuses, et la transmission des courants
peut se déranger à la moindre inattention. Si l'on produit la lumière par une machine d'induction, telle que
la machine magnéto-électrique Nollet, basée sur le
frottement de bobines électro-magnétiques sur des
aimants en fer doux, il faut des frais d'établissement
importants, auxquels vient se joindre celui d'un moteur, une locomobile de trois ou quatre chevaux-va-
peur ; ensuite il faut un régulateur automoteur qui
rapproche les charbons selon l'écartement variable
résultant de la combustion. Dans ce mode de produc-

tion, la lumière est quelquefois sujette à une scintillation qui serait défavorable aux projections. Sans exclure l'éclairage électrique, on ne peut le conseiller qu'exceptionnellement.

La lumière du *magnésium* est douée de la merveilleuse propriété de conserver sans la moindre altération les nuances les plus fines et les plus délicates ; on s'en est servi avec avantage pour faire des photographies des endroits obscurs. Le magnésium laminé en rubans minces ou étiré en fils se brûle dans une lampe composée d'un tube adducteur recourbé, au centre d'un réflecteur, au bas duquel un jet de gaz ou une lampe à alcool entretient la combustion constante. Le grand défaut de l'éclairage est la facilité trop grande avec laquelle il s'éteint, si le point d'ignition n'est pas suffisamment entretenu en combustion ; en outre, la lentille collectrice est maculée par la projection des particules du métal fondu et il développe une fumée abondante, qui, quoique peu nuisible aux voies respiratoires, salit tout ce qui subit son contact ; on ne peut évincer ce désagrément que par l'installation d'une cheminée d'appel décrite précédemment. Maintenant le prix du magnésium est beaucoup plus accessible que dès les premiers temps de son apparition ; cependant, il n'est pas à considérer comme fournissant une lumière bien appropriée aux nécessités d'une séance de projection d'objets microscopiques.

On a éclairé pendant un certain temps la lanterne avec une lumière très-vive que l'on obtient en brûlant un mélange d'hydrogène et d'oxygène sur un bâton de

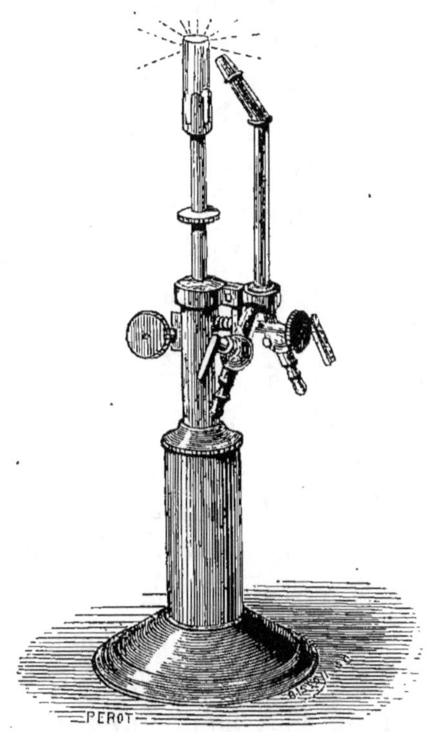

Fig. 79. —Chalumeau pour la lumière de Drummond.

craie. L'appareil était ainsi connu sous le nom de *microscope à gaz*. C'était la lumière de Drummond, qui, avant la lumière électrique, avait déjà rendu de grands services comme agent de démonstration et de mani-

festation des phénomènes physiques dans les amphi-
théâtres. Maintenant encore, elle semble être préférable aux autres modes d'éclairage par la facilité
matérielle avec laquelle on peut l'obtenir ; il suffit de
raccorder la lanterne d'un côté avec une conduite de
gaz hydrogène d'éclairage, et de l'autre, d'avoir un
sac en matière imperméable rempli d'oxygène, qui
vient converger avec l'hydrogène au moyen de la
pression d'un poids quelconque, sur le bâton de craie.
M. Carlevaris proposa de substituer la magnésie à la
chaux ou à la craie; il avait aussi précédemment étudié la lumière oxy-hydro-magnésienne qui était très-
puissante même avec un tout petit réflecteur; puis le
capitaine Caron réalisa une autre amélioration en
ajoutant aux bâtons de magnésie une couche de zir-
cone ; il les illuminait non plus sur une seule face,
mais sur tout le contour, envoyant ainsi de la lumière
dans toutes les directions. Le rôle de la chaux est de
fournir à la flamme les particules solides qui lui font
défaut, qui sont naturellement des particules de carbone. M. Tessié du Motay fut l'innovateur de la lumière
oxhydrique, composée du gaz oxygène et de l'hydrogène surcarburé, brûlant dans des *becs papillon* (con-
sommant d'après les expériences 140 litres à l'heure,
sous une pression de $0^m,0025$). La blancheur de la
lumière oxhydrique avec un gaz bien épuré permet
de distinguer les couleurs et les nuances délicates ;

ses qualités sont assez photogéniques pour que l'on
ait songé, en Angleterre, à s'en servir pour l'éclairage des appareils d'agrandissements et obtenir artifi-
ciellement ce que l'on ne peut faire par les temps

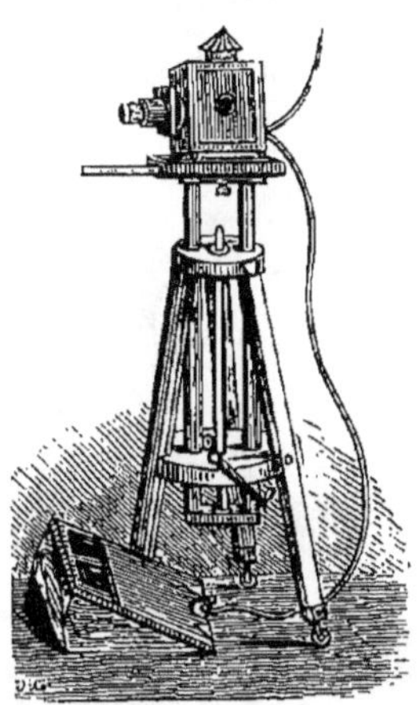

Fig. 80. -- Lanterne pour les projections à la lumière oxhydrique,
montée sur pied mobile et munie du sac à gaz oxygène.

couverts prolongés. Aux différentes réunions scientifiques, aux expositions de photographie (1869 et
1870), la lumière oxhydrique est celle qui a paru
donner les meilleurs résultats ; par sa flamme brillante, qui doit être d'autant plus intense que l'écran
qui la reçoit est plus blanc, comme par la facilité matérielle avec laquelle on la produit, elle est destinée à
satisfaire aux besoins des projections avec une supériorité incontestable.

12.

Enfin, dans les circonstances où l'on est obligé de s'astreindre à un appareil économique, le gaz, l'huile, le pétrole, mentionnés précédemment comme n'étant d'aucun usage dans la production des photographies, peuvent être mis à profit dans des séances de projections d'importance secondaire. Une forte lampe Car-

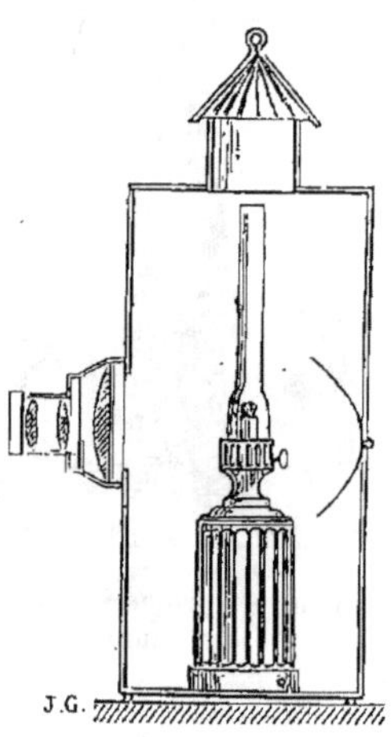

Fig. 81. — Lanterne éclairée par une lampe Carcel
pour projections à faible distance.

cel, ou mieux encore, une lampe à deux mèches concentriques, enfermée dans une lanterne en métal, de façon à ne laisser répandre dans la pièce aucune autre lumière que celle dirigée sur l'écran, constitue une mégascope ; il donne à une distance de trois mètres environ un cercle de 1^m,50 de diamètre, où l'on projette facilement des positifs sur verre. La lumière

est renvoyée par un réflecteur parabolique, et condensée par une demi-boule de verre de 0^m,100 de diamètre ; à la partie antérieure un objectif agrandit
l'image.

APPAREIL

La lanterne dont on se sert a pour but de contenir
un foyer d'éclairage très-intense, sans qu'il puisse se
répandre dans la pièce obscure, autrement que par
l'objectif qui forme l'image sur l'écran. Elle consiste
en une boîte métallique surmontée d'une cheminée
couverte, ne laissant pas échapper de lumière ; au centre se trouve la lumière, au fond un réflecteur argenté
parabolique ou elliptique, qui la dirige à travers une
lentille condensatrice ou collectrice sur la photographie, placée dans une coulisse devant l'objectif ; c'est
une sorte de chambre noire renversée. La lanterne
diffère par quelques détails du microscope solaire, le
système optique est beaucoup moins convergent et
fournit en conséquence un grossissement moindre ;
celui qui semble être le plus convenable est un objectif dit à *cartes de visite* ; combinés spécialement pour
donner une grande netteté, ces instruments achromatiques sont de plus d'un foyer en rapport avec les
besoins des projections. Il est nécessaire qu'ils soient
montés à crémaillère, afin de régler la mise au foyer,

et pourvus d'un diaphragme proportionné à l'intensité d'éclairage, compensé avec la netteté voulue. On obtient ainsi un agrandissement d'une photographie représentant indirectement le sujet microscopique

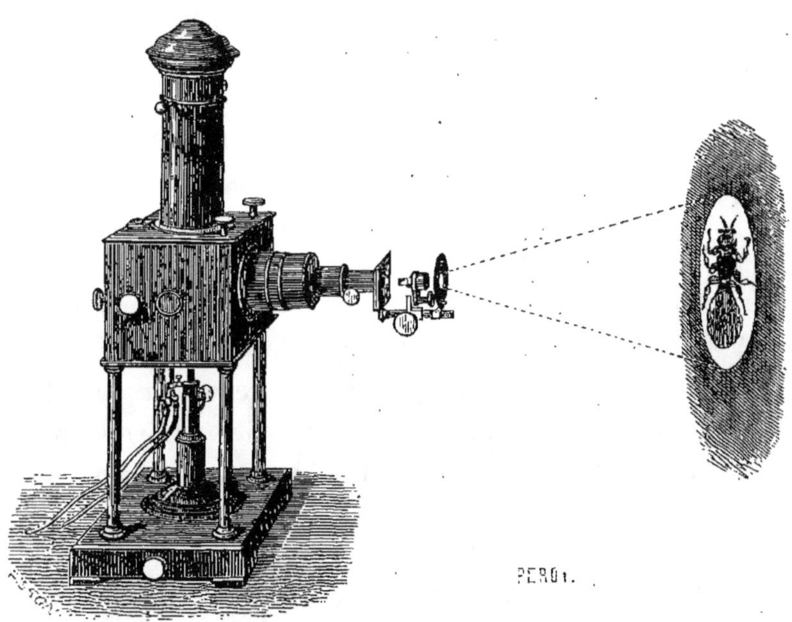

Fig. 82. — Lanterne pour le microscope éclairée au gaz oxhydrique.

lui-même ; s'il fallait le projeter directement avec un objectif du microscope, la petitesse des lentilles étant cause d'une grande résistance du passage des rayons lumineux, il serait impossible d'avoir un aussi fort grossissement, et encore il serait indispensable de se rapprocher beaucoup de l'écran, sur lequel on perdrait la netteté que permet de conserver un positif sur verre bien fait.

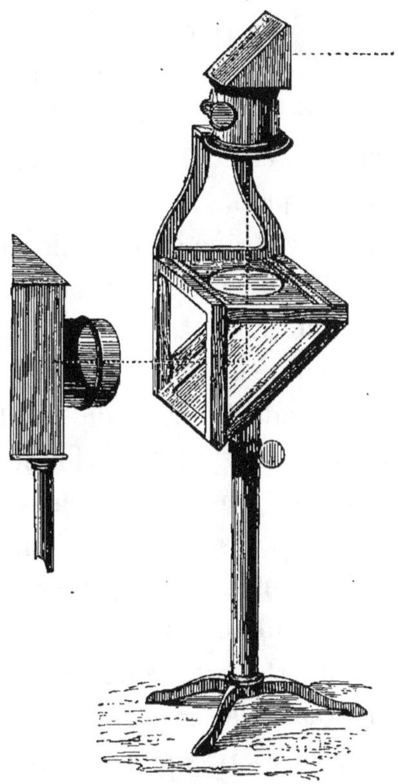

Fig. 83. — Appareil de M. Duboscq pour redresser sur l'écran les objets placés horizontalement dans les expériences de projection.

L'introduction verticalement des verres dans la coulisse de la lanterne est incommode quand les sujets doivent se succéder rapidement, et cette disposition se prête mal à certaines expériences où la substance que l'on montre ne s'en accommoderait pas. Pour y remédier M. Duboscq a imaginé un appareil qui se place devant la lanterne et permet de projeter verticalement un objet disposé horizontalement ; un miroir réfléchit la lumière sur une plate-forme où est placé l'objet, au-dessus duquel l'objectif forme l'image renvoyée sur l'écran par un prisme.

On aura pour écran une surface blanche rigoureusement plane, de dimension proportionnée à la distance moyenne que doit occuper la lanterne, placée au milieu de la salle sur un pied mobile ou sur une tablette, spécialement élevée pour que le centre du faisceau lumineux corresponde à celui de l'écran ; on le fait en calicot bien tendu sur un châssis et peint au blanc de zinc, ayant les coutures dissimulées par la perfection de l'assemblage. Le papier tendu lui est supérieur, présentant une surface plus unie et plus réfléchissante ; il est regrettable qu'il ne soit pas aussi praticable dans les grandes dimensions. Dans certaines circonstances, il serait avantageux que l'écran ou la lanterne fussent mobiles, afin de faire concorder leur rapprochement avec les effets qu'on voudrait obtenir. Selon les convenances des locaux destinés aux cours, les spectateurs se placent soit sur les côtés, soit derrière ou même devant la lanterne, qui a besoin d'être assez élevée sur une estrade, pour que ceux-ci ne soient pas un obstacle ; en employant un transparent, la répartition est plus facile, si la salle le com-

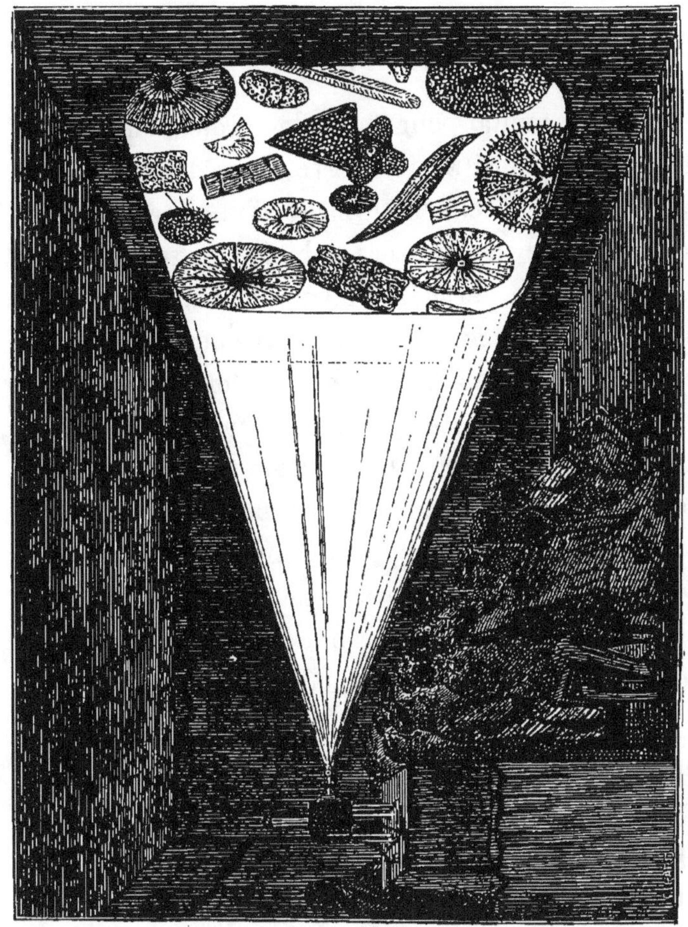

porte : en ce cas, l'appareil est derrière et fait face aux spectateurs.

ÉPREUVES POSITIVES SUR VERRE POUR LES PROJECTIONS

Le point capital pour faire des projections est d'avoir de bons positifs sur verre, possédant les qualités voulues qui rendent l'image d'une manière bien expressive. Le négatif sera l'objet d'un soin particulier, puisque la perfection du positif sur verre lui est intimement unie : un peu dur pour donner plus d'accentuation aux détails, exempt de tout voile qui se traduirait par une teinte grisâtre imperméable à la lumière, et surtout une très-grande netteté ; le développement, dans lequel on force un peu la dose d'acide dans le révélateur, et notamment pour l'acide pyrogallique, est plus avantageux. Comme le sujet microscopique doit recevoir une seconde amplification dans la lanterne, il est inutile d'exagérer le grossissement aux dépens de la netteté, qualité impérieuse ; aussi c'est pour cela qu'on ne s'adressera seulement qu'aux préparations qui y satisfont. On peut aussi copier à la chambre noire des épreuves positives sur papier ; en les *diminuant* dans des proportions convenables, on fait des négatifs très-suffisants. On choisit ce moyen quand on est soumis à un format qu'on n'obtiendrait pas avec l'instrument lui-même.

Les positifs par développement auraient l'avantage

d'une grande inaltérabilité de l'image, s'il était plus aisé de les produire directement à la chambre noire. Comme le négatif sert d'ailleurs à tirer un nombre indéfini, il vaut mieux encore y avoir recours; il laisse de plus la liberté de modifier la trop ou la moindre intensité dont on n'est pas maître au développement. Les traits et le caractère ne sont pas altérés au tirage, si l'on a soin d'exercer avec la vis du châssis une pression suffisante, assurant une exacte application d'un verre sur la surface de l'autre; on le choisira parfaitement plan, sans quoi la compression le ferait éclater. La couche sensible dont le verre est revêtu pour être impressionné à la lumière, est le collodion sec ou mieux encore l'albumine ; ce dernier procédé, qui exige plus d'habitude de manipulation, donne une plus grande transparence. On évitera les noirs trop intenses qui empêcheraient la lumière de passer, en favorisant d'un autre côté les détails délicats qui réclament un *fouillé* prononcé pour être bien rendus. Une teinte douce dans l'effet général, un peu bistrée, empêche l'empâtement. Les fonds, pour être bons, ont besoin d'être aussi translucides que le verre lui-même.

Le modèle adopté généralement est le format du demi-stéréoscope (environ 0,085 sur 0,100). La surface du positif sera entièrement couverte par l'image photographique, afin qu'il n'y ait pas de place per-

duc ; quand on y insère un sujet entier, tel qu'un insecte, il est naturellement indispensable qu'il soit
compris en entier dans le module choisi ; si l'on y
place seulement un fragment, il occupera la surface
entière et sera pris dans la partie la meilleure qu'offrira la préparation. Les bordures baveuses font mauvais effet, tandis qu'un contour bien délimité rend
l'image plus agréable à l'œil du spectateur. C'est pour
cela qu'on trace un cadre en bitume, soit carré avec
les angles arrondis, soit rond ; dans le premier cas
on occupe la totalité de la surface de l'écran, dans le
second, le cercle inscrit dans un carré rend les angles
inutiles, mais il donne mieux une représentation du
champ du microscope.

L'épreuve terminée est recouverte d'un verre mince
protecteur, placé sur le côté de la couche contenant
l'image ; une bandelette de papier collée sur les bords
les réunit ensemble, laissant une place pour inscrire
la détermination du sujet. Au moment de les présenter dans la coulisse de la lanterne, les positifs sont
introduits dans un châssis en bois spécial, qui les rend
plus maniables et donne plus de sécurité pour leur
conservation dans les manipulations. Quand la démonstration est rapide, on affecte un châssis à chaque
positif, pour ne pas avoir l'embarras de changer constamment.

En supposant que l'on ait à traiter une question

pour laquelle l'interprétation photographique fût impraticable, on favoriserait toujours beaucoup une explication, en prenant une épreuve d'un dessin, ou mieux encore en faisant une peinture sur verre, qui compenserait la rectitude photographique, par l'attrait du coloris. On peut aussi projeter des gravures tirées sur papier transparent collé sur verre.

Fig. 85. — Sujets divers contenus dans l'eau stagnante.

TABLE DES MATIÈRES

PARIS. — IMP. SIMON RAÇON ET COMP., RUE D'ERFURTH, 1.

F. SAVY, LIBRAIRE-ÉDITEUR
24, RUE HAUTEFEUILLE, A PARIS

PRINCIPES DE CHIMIE

FONDÉE
SUR LES THÉORIES MODERNES

PAR

A. NAQUET

Professeur agrégé à la Faculté de médecine de Paris
Ex-professeur à l'institut technique de Palerme, Membre du Conseil
de perfectionnement de Palerme

DEUXIÈME ÉDITION
**2 vol. in-18 de 1,000 pages, avec 52 fig. dans le texte.
Prix, 10 francs.**

Le livre de M. Naquet, dont la première édition a été si rapidement épuisée, est excellent à toute espèce de point de vue; à la portée de tous ceux qui veulent apprendre la chimie, il est pourtant à la hauteur de la science actuelle.

Depuis dix ans environ, la chimie est entrée dans une phase nouvelle. Les progrès de chaque jour lui ont imprimé des modifications profondes, et elle est caractérisée aujourd'hui par ce travail de synthèse générale qui, de la coordination des phénomènes, dégage les lois et fonde une théorie.

On trouvera dans la deuxième édition une discussion plus complète et plus détaillée des questions qui divisent encore les chimistes. En outre, la partie descriptive, que nous avions dû restreindre dans la première édition, a reçu des développements considérables, de manière à répondre complétement aux programmes de tous les examens. Nous avons fait d'ailleurs tous nos efforts pour rendre très-claires nos démonstrations théoriques aussi bien que l'exposé des faits; nous nous sommes surtout attaché pour cela à n'employer jamais aucune expression qui n'eût été déjà définie et expliquée; à suivre, en un mot, l'ordre logique que l'on suit dans les sciences mathématiques.

MANUEL PRATIQUE

D'ESSAIS

ET DE

RECHERCHES CHIMIQUES

APPLIQUÉS

AUX ARTS ET A L'INDUSTRIE

GUIDE

POUR L'ESSAI ET LA DÉTERMINATION DE LA VALEUR DES SUBSTANCES
NATURELLES OU ARTIFICIELLES
EMPLOYÉES DANS LES ARTS, L'INDUSTRIE, ETC., ETC.

Par P.-A. BOLLEY

PROFESSEUR DE CHIMIE A L'ÉCOLE POLYTECHNIQUE DE ZURICH

TRADUIT DE L'ALLEMAND SUR LA TROISIÈME ÉDITION
AVEC DES NOTES

PAR LE Dr L.-A. GAUTIER

Un volume in-18 de 800 pages avec 98 figures dans le texte

Prix : 7 fr. 50

Ce livre intéresse toutes les personnes qui sont dans le cas d'avoir à faire des essais de matières premières ou de produits manufacturés. Trois éditions qu'il a eues dans moins de quatre ans attestent éloquemment l'accueil dont il a été l'objet en Allemagne.

Le livre de M. Bolley est un répertoire complet des procédés et des tours de mains dont le pharmacien, le chimiste, l'expert peuvent avoir besoin. On y trouve même le résumé des diverses méthodes aréométriques avec les échelles qui s'y rapportent.

L'ouvrage se termine par un tableau des poids des différents pays, et notamment des poids usités en pharmacie.

Près de cent figures sont intercalées dans le texte et en rendent l'intelligence facile.

Le *Manuel d'essais et de recherches chimiques* sera bien accueilli du public, car un livre semblable manquait en France à notre littérature scientifique.

E. SAVY, LIBRAIRE-ÉDITEUR
24, rue Hautefeuille, à PARIS

HISTOIRE

DE

LA CRÉATION

EXPOSÉ SCIENTIFIQUE

DES

PHASES DE DÉVELOPPEMENT DU GLOBE TERRESTRE ET DE SES HABITANTS

Par H. BURMEISTER

Directeur du musée de Buénos-Ayres

ÉDITION FRANÇAISE, TRADUITE DE L'ALLEMAND D'APRÈS LA HUITIÈME ÉDITION

Par E. MAUPAS

Revue par le professeur GIEBEL

Un vol. grand in-8 avec gravures dans le texte et des planches

Prix : 10 francs

Cet ouvrage est l'exposé des phénomènes naturels qui ont successivement amené le globe terrestre de son état primitif à celui où il se trouve actuellement. L'*Histoire de la Création* de Burmeister partage en Allemagne le succès du *Cosmos* de Humboldt, et il jouit d'une aussi légitime admiration de la part des savants. L'*Histoire de la Création* diffère cependant du *Cosmos* en ce qu'il est plus rigoureusement un livre scientifique. Il n'y a aucun chapitre qui ne soit de nature à intéresser les hommes

les plus versés dans l'étude des sciences naturelles. Ce n'est
point, comme son titre pourrait le donner à supposer, un ouvrage
qui fasse concurrence à ceux que les vulgarisateurs, dits scientifiques, écrivent pour le lecteur superficiel. M. Burmeister a
préludé à cette publication par de nombreux travaux, de grands
voyages sur tous les points du globe ; aussi le savant trouvera
dans ce livre, en même temps que les recherches les plus

récentes de la science, un grand nombre de faits qui, disséminés
dans de grands recueils, lui seraient restés inconnus. Huit éditions publiées en Allemagne en un court espace de temps n'ont
point épuisé le succès de ce livre original qui embrasse les
questions les plus importantes et les plus attrayantes du monde
physique. Une exposition magistrale et des explications libres
de tout préjugé sont à la hauteur de ces problèmes difficiles
qui embrassent la physique du globe, la météorologie, la géo-

logie, la paléontologie, la biologie, l'anthropologie, la zoologie,

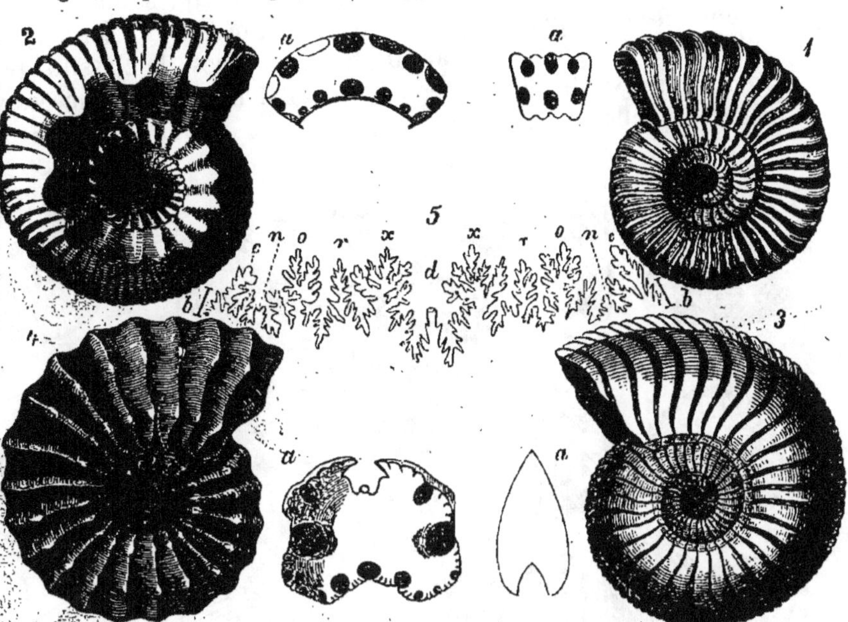

la botanique, etc. Dans les dernières éditions M. Burmeister s'est adjoint M. Giebel professeur de zoologie à l'université

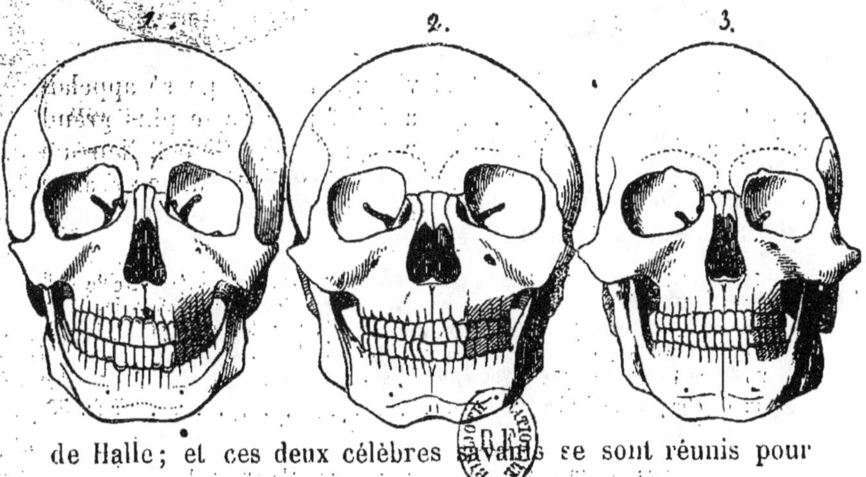

de Halle; et ces deux célèbres savants se sont réunis pour

traiter dans ce livre le domaine entier des sciences. On trouvera, traitées de main de maîtres, toutes les questions qui pas-
sionnent les esprits depuis plusieurs années : l'anciènneté de
l'homme, l'origine et la variabilité des espèces ; la classification
des êtres vivants; leur répartition et leur arrivée successive
sur le globe, etc., etc.

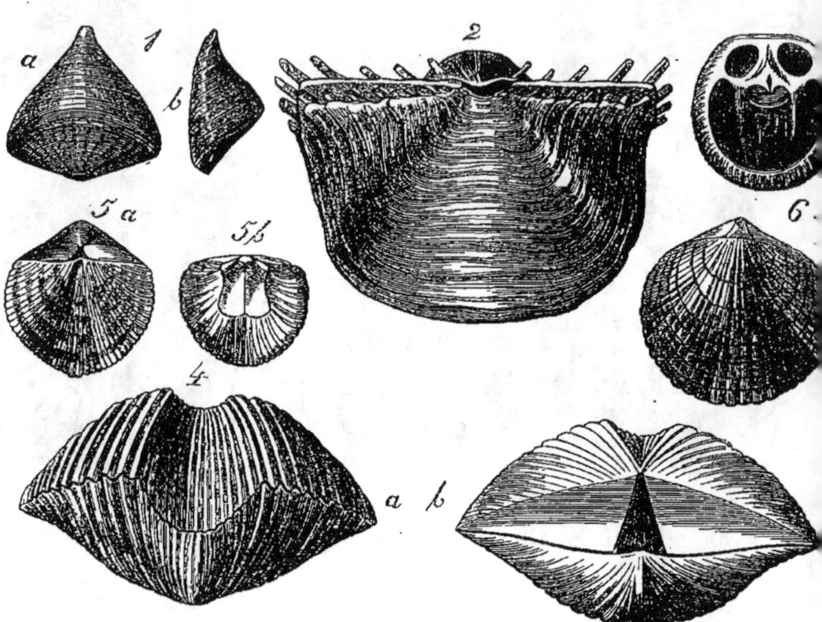

Ce livre remarquable et si vigoureusement pensé appelait
une traduction française. Elle a été faite avec le plus grand
soin par M. Maupas et revue par le professeur Giebel. Nous ne
doutons point que l'*Histoire de la Création* n'obtienne en France
le même succès qu'en Allemagne.

———

COURS DE MINÉRALOGIE ET DE GÉOLOGIE, professé à l'École de[s]
ponts et chaussées, par Bayle, professeur de minéralogie et de géologie à l'É-
cole des ponts et chaussées. Paris, 1869-1871, 2 vol. in-4, publiés en 6
fascicules autographiés, avec 2,000 grav. dans le texte.

En vente les fascicules I et II

Prix de chaque fascicule . . . . 7 fr. 50

PARIS. — IMP. SIMON RAÇON ET COMP., RUE D'ERFURTH, 1,

L'UNITÉ

DES

FORCES PHYSIQUES

ESSAI DE PHILOSOPHIE NATURELLE

PAR

LE R. P. SECCHI

MEMBRE CORRESPONDANT DE L'INSTITUT DE FRANCE
DIRECTEUR DE L'OBSERVATOIRE DE ROME, OFFICIER DE LA LÉGION D'HONNEUR

ÉDITION ORIGINALE FRANÇAISE

PUBLIÉE D'APRÈS L'ÉDITION ITALIENNE SOUS LES YEUX DE L'AUTEUR

PAR

LE DR DELESCHAMPS

Un fort volume in-18 de 720 pages avec 56 figures dans le texte

Prix : 7 fr. 50

Dans ce livre je n'ai point la prétention de créer une nouvelle philosophie de la nature, je veux seulement exposer les vues théoriques qui chaque jour s'affirment davantage grâce à une étude plus sérieuse des phénomènes. Le lecteur verra que ces idées nouvelles sont la conséquence directe des travaux accomplis par les savants qui illustrent notre siècle.

Coordonner le nombre immense des phénomènes par lesquels se manifestent à nous les forces de la nature, en montrer les liaisons mutuelles, c'est là ce que j'ai tenté de faire dans ces pages, dont la lecture sera peut-être d'une certaine utilité même à ceux qui déjà connaissent la science ; car, en coordonnant les faits connus, en les présentant sous un point de vue convenable, et en rapprochant ainsi les diverses parties de nos connaissances, de nouveaux horizons se découvrent et les vérités s'éclairent les unes par les autres. Je me suis toujours efforcé généralement de ne pas introduire mes opinions personnelles dans la discussion, et je ne m'y suis décidé que là où certains désidérata m'autorisaient à apporter quelques compléments aux travaux des autres. Puissent mes efforts ne point être jugés téméraires !

Je ne cache pas qu'ayant voulu exposer cette synthèse scientifique de manière à la rendre accessible à la majorité des lecteurs, j'ai rencontré des difficultés plus sérieuses que je ne me les étais figurées tout d'abord. Pour cela il fallait dépouiller les démonstrations de leur appareil de formules et de calculs sans leur faire perdre leur force ; de plus, les principes fondamentaux ne pouvaient être établis par la voie des mathématiques. En effet, l'analyse géométrique, qui est fort utile pour tirer d'un principe toutes ses conséquences, et qui par là donne de précieux moyens de vérification, est tout à fait impuissante à prouver directement la vérité du principe lui-même.

La partie expérimentale elle-même, pour être traitée d'une manière convenable, m'a demandé une grande attention. Car, sans entrer dans le détail des expériences, ce qui est le propre des ouvrages spéciaux, il fallait rappeler les résultats obtenus, de telle façon qu'on pût en comprendre la signification et l'importance, alors même qu'on n'en posséderait pas une connaissance préliminaire.

Ce livre, bien qu'écrit en italien, obtint en France

un succès assez grand pour me déterminer à accepter la proposition du docteur Deleschamps d'en faire une édition française. Toutefois cette édition n'est pas une sim-

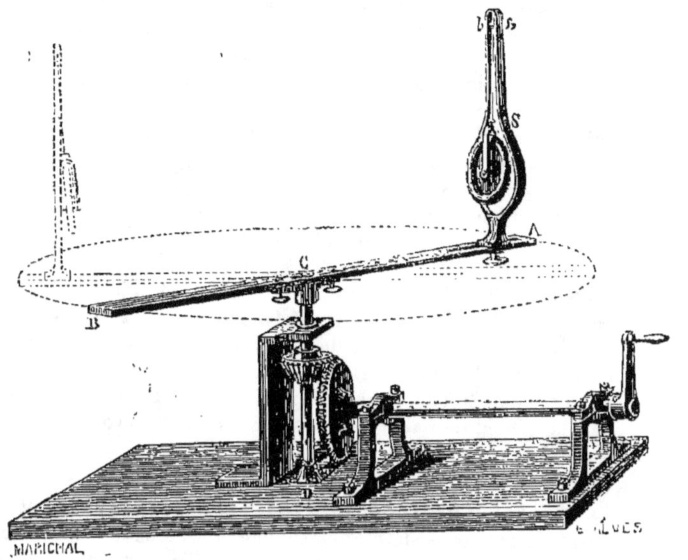

ple traduction de la première ; elle présente des améliorations importantes, ce qui en fait réellement une nouvelle édition originale,

Le style italien, surtout celui de la discussion scientifique, est fort différent du style français : de là une difficulté considérable que seule peut apprécier celui qui en a fait l'essai. Nous espérons cependant que la lecture de cette traduction qui, pour certains passages, a dû exiger un grand ravail et une parfaite intelligence du sujet de la part de note tr ducteur, paraîtra facile ; il n'a reculé devant aucune espèce de difficultés pour rendre le sens véritable de l'auteur, en s'efforçant toujours le plus possible de se conformer aux exigences de la belle langue française.

LIBRAIRIE DE F. SAVY

BOLLEY (A.), professeur de chimie industrielle à l'Université de Zurich. **Manuel pratique des essais et recherches chimiques appliqués à l'industrie et aux arts,** guide pour l'essai et la détermination de la valeur des substances naturelles ou artificielles employées dans les arts, l'industrie, l'économie domestique, etc. ; traduit de l'allemand sur la 3e édition, par le docteur L. GAUTIER. Paris, 1868. 1 vol. in-18 de 700 p. avec 100 figures dans le texte. . . . . . 7 fr. 50

DESPLATS et GARIEL. professeurs agrégé à la Faculté de médecine de Paris. **Nouveaux éléments de physique médicale,** précédés d'une préface par M. GAVARRET, professeur à la Faculté de médecine de Paris. Paris, 1870. 1 fort volume petit in-8° cartonné en toile anglaise avec 502 fig. dans le texte. . . . . 10 fr.

FRESENIUS (Remigius), professeur de chimie à l'Université de Wiesbaden. **Traité d'analyse chimique qualitative,** des opérations chimiques, des réactifs et de leur action sur les corps les plus répandus, essais au chalumeau, analyse des eaux potables. des eaux minérales. du sol, des engrais, etc. Recherches chimicolégales, analyse spectrale, traduit sur la 13e édition allemande, par FORTHOMME, professeur de chimie à la Faculté des sciences de Nancy. Paris, 1871. 1 vol. grand in-18 avec figures dans le texte, et un spectre solaire colorié. . . . . 6 fr

—— **Traité d'analyse quantitative.** Traité du dosage et de la séparation des corps simples et composés les plus usités en pharmacie, dans les arts et en agriculture, analyse par les liqueurs titrées, analyse des eaux minérales, des cendres végétales, des sols, des engrais, des minerais métalliques, des fontes, dosage des sucres, alcalimétrie, chlorométrie, etc., traduit sur la 5e édition allemande, par M. FORTHOMME, professeur de chimie à la Faculté des sciences de Nancy. Paris, 1867. 1 vol. grand in-18, avec 190 figures dans le texte . . . . 10 fr

NAQUET (J.-A.), professeur agrégé à la Faculté de médecine de Paris. **Principes de chimie** fondée sur les théories modernes. 2e édition revue et considérablement augmentée. Paris, 1867. 2 vol. in-18, de 1,10 avec fig. dans le texte. 10 f
Une première édition épuisée en dix-huit mois ; des traductions en anglais, e allemand témoignent de l'opportunité du livre de M. Naquet et de la faveur av laquelle il a été accueilli.

ODLING (W.), professeur à l'hôpital Saint-Barthélemy. **Cours d chimie pratique, d'après les théories modernes,** éditio française, publiée sur la troisième édition anglaise, par A. NAQUET, profe seur agrégé à la Faculté de médecine de Paris. Paris, 1869. 1 vol. in-de 300 pages avec 74 grav. dans le texte. . . . . 4 fr.

WAGNER, professeur à l'Université de Wurzbourg. Nouveau précis chimie industrielle à l'usage des ingénieurs chimistes, industriels, contr maîtres, ouvriers, agriculteurs, etc. Traduit de l'Allemand sur la huitièn édition, par le Dr L. GAUTIER. Paris 1871, 1 vol. grand in-8 de 900 pag avec 500 grav. dans le texte.. . . . . 18 f

PARIS. — IMP. SIMON RAÇON ET COMP., RUE D'ERFURTH, 1.

MANUEL PRATIQUE

D'ESSAIS

ET DE

RECHERCHES CHIMIQUES

APPLIQUÉS

AUX ARTS ET A L'INDUSTRIE

GUIDE

POUR L'ESSAI ET LA DÉTERMINATION DE LA VALEUR DES SUBSTANCES
NATURELLES OU ARTIFICIELLES
EMPLOYÉES DANS LES ARTS, L'INDUSTRIE, ETC., ETC.

Par P.-A. BOLLEY

PROFESSEUR DE CHIMIE A L'ÉCOLE POLYTECHNIQUE DE ZURICH

TRADUIT DE L'ALLEMAND SUR LA TROISIÈME ÉDITION
AVEC DES NOTES

PAR LE Dr L.-A. GAUTIER

Un volume in-18 de 800 pages avec 98 figures dans le texte

Prix : 7 fr. 50

Ce livre intéresse toutes les personnes qui sont dans le cas
d'avoir à faire des essais de matières premières ou de produits manufacturés. Trois éditions qu'il a eues dans moins de
quatre ans attestent éloquemment l'accueil dont il a été
l'objet en Allemagne.

Les premiers chapitres sont consacrés aux réactifs, aux
liqueurs titrées ainsi qu'à l'analyse qualitative des principes

minéraux et organiques qui peuvent se rencontrer dans la pratique courante. Puis, vient l'essai des eaux potables, celui des métalloïdes qui, comme le phosphore, le chlore, le brome et l'iode, sont usités, aujourd'hui, sous tant de formes et donnent lieu à des préparations si variées. C'est dire qu'un autre chapitre est consacré aux acides et à l'acidimétrie. A côté des acides du soufre, de l'azote, du phosphore et

Appareil à distillation.

de l'arsenic, figurent les acides organiques les plus employés. Un autre chapitre porte sur les alcalis et les composés alcalins usités ; les terres, les principaux métaux, ainsi que leurs dérivés, sont l'objet d'un exposé très-intéressant, dans lequel M. Bolley résume tout ce qui a été publié de plus sérieux en fait de procédés permettant de reconnaître la qualité ou la pureté d'un produit de cette catégorie.

Nous en dirons autant pour ce qui est relatif à la poudre à canon, aux allumettes et aux mélanges pyrotechniques ; aux matières propres au blanchiment, et par conséquent à la chlorométrie ; à la terre arable ainsi qu'aux engrais commerciaux.

Au chapitre des alliages, nous trouvons la composition centésimale de tous les alliages usités. D'abord les alliages formant l'intéressante triade du laiton, du bronze et de l'airain, ensuite ceux dont le cuivre est exclu, tels que certaines soudures, le maillechort, certains alliages monétaires.

Les couleurs qui viennent ensuite sont traitées par ordre de nuance, avec les caractères afférents à chacune d'elles et le moyen de les distinguer les unes des autres.

Cet important chapitre est complété par l'examen des couleurs fixées sur les étoffes, ainsi que par l'exposé des procédés relatifs à la calorimétrie.

L'étude des combustibles et les moyens propres à déterminer leur richesse calorifique forment un autre chapitre, suivi des agents d'éclairage ainsi que des corps gras et des huiles essentielles. Puis, viennent le savon, les boissons fermentées, les matières sucrées et amylacées, le pain, les substances astringentes, celles à base de gélatine, les fibres textiles, le thé, le café, etc., etc.

Le livre de M. Bolley est, comme on voit, un répertoire complet des procédés et des tours de mains dont le pharmacien, le chimiste, l'expert peuvent avoir besoin. On y trouve même le résumé des diverses méthodes aréométriques avec les échelles qui s'y rapportent.

L'ouvrage se termine par un tableau des poids des différents pays, et notamment des poids usités en pharmacie.

Près de cent figures sont intercalées dans le texte et en rendent l'intelligence facile.

Le *Manuel d'essais et de recherches chimiques* sera bien accueilli du public, car un livre semblable manquait en France à notre littérature scientifique.

CATALOGUE

DE

F. SAVY

ÉDITEUR

MÉDECINE — CHIRURGIE — PHARMACIE
CHIMIE — PHYSIQUE — MATHÉMATIQUES — GÉOLOGIE
MINÉRALOGIE — PALÉONTOLOGIE — BOTANIQUE — AGRICULTURE
HORTICULTURE — ÉCONOMIE RURALE
ART VÉTÉRINAIRE
ARTS INDUSTRIELS — LITTÉRATURE SCIENTIFIQUE

Tous les ouvrages de ce Catalogue sont expédiés par la poste en France et en Algérie FRANCO et sans augmentation sur les prix désignés

Joindre à la demande des timbres-poste ou un mandat sur Paris

On peut se procurer également ces ouvrages par l'intermédiaire de tous les libraires de la France et de l'étranger

PARIS

24, RUE HAUTEFEUILLE, 24

PRÈS LE BOULEVARD SAINT-GERMAIN

1er JUILLET 1870.

La Librairie F. SAVY se charge de procurer tous les ouvrages publiés à l'Étranger, principalement en Allemagne en Angleterre.

Elle se charge également de faire les Commissions qui sont adressées de France et de l'Étranger.

EN DISTRIBUTION :

Histoire naturelle générale (8 pages). Octobre 1869.

Géologie, minéralogie, paléontologie (40 pages). Octobre 1869.

Botanique (40 pages). Octobre 1870.

Zoologie (40 pages). Octobre 1871.

Ces Catalogues spéciaux seront envoyés *franco* à toute person qui en fera la demande par lettre affranchie.

Prix du Catalogue complet (un volume in-8 de 130 pages) : **1 fr**

ACHAT AU COMPTANT

DE

LIVRES ANCIENS DE SCIENCES NATURELLES

TABLE DES MATIÈRES

MÉDECINE — CHIRURGIE — PHARMACIE

ANNUAIRE des eaux minérales et des bains de mer de la France et de l'étranger. publié par la *Gazette des eaux.* 11° année, 1869. 1 joli vol. in-18 de 300 p., paraissant chaque année depuis 1859. 1 fr. 50
  Cartonné en toile anglaise. 2 fr.
  Ce volume renferme :
Une *nomenclature générale des stations d'eaux minérales* en France, indiquant leur situation, la nature des sources, leur température, leurs propriétés médicales les noms des médecins inspecteurs, inspecteurs adjoints et médecins exerçant auprès de chacune d'elles, et *les moyens de communication* qui y conduisent;
Une nomenclature semblable pour les eaux minérales les plus importantes de l'étranger ;
Le classement des sources minérales selon leur nature et selon les maladies qui s'y adressent;
Une liste des établissements de bains de mer et des principaux établissements hydrothérapiques en France.

ANCELET (E.). Études sur les maladies du pancréas. Paris, 1866. In-8 de 160 pages. . . . . 2 fr. 50

BAILLON (H.). Programme du Cours d'histoire naturelle médicale, professé à la Faculté de médecine de Paris. Ire partie, **Zoologie médicale.** Paris, 1868. 1 vol. in-18 de 72 pages. 1 fr. 25

—— II° partie, **Botanique médicale.** Paris, 1869. 1 vol. in-18 de 72 pages. 1 fr. 25

BARBASTE. De l'état des forces dans les maladies, et des indications qui s'y rapportent. Paris, 1851. 1 vol. in-8. . . . . 2 fr.

—— **De l'homicide et de l'anthropophagie.** Paris, 1856. 1 volume in-8 (7 50). . . . . 3 fr 50

BAUDOT (E.), Voies d'introduction des médicaments. Applications thérapeutiques. Paris, 1866. 1 vol. in-8. . . . . 3 fr.

—— **Traité des affections de la peau,** d'après les doctrines de M. Bazin, médecin de l'hôpital Saint-Louis. Paris, 1869. 1 vol. in-8. 7 fr.

  Depuis 1850, M. Bazin a successivement enrichi la littérature dermatologique de traités sur les affections artificielles, parasitaires, scrofuleuses, arthritiques, herpétiques, syphilitiques, génériques de la peau ; et aujourd'hui le médecin ou l'élève qui désire connaître ses doctrines est obligé de parcourir huit volumes. Or l'un et l'autre reculent souvent devant une pareille tâche et devant la dépense.
  L'auteur a pensé rendre service en résumant en un seul volume dégagé de la masse des observations cliniques, les doctrines de M. Bazin et en permettant ainsi au praticien occupé et à l'élève de les connaître en peu de temps et à peu de frais.
  Ancien interne de M. Bazin, il s'est pour ainsi dire identifié avec les doctrines de son maître, qui a du reste approuvé et encouragé la publication de ce volume.

—— **Des doctrines professées sur les affections de la peau, depuis Plenck et Willan jusqu'à nos jours.** Paris, 1870 in-8. 2 fr.

BECKENSTEINER (J.). Études sur l'électricité. — Nouvelle méthode pour son emploi médical. Paris, 1860-1870, 3 tomes avec planches en 4 vol. in-8. . . . . : . . . . 25 fr.

BAUMÈS, ancien chirurgien en chef de l'Antiquaille. **Précis historique et pratique sur les diathèses.** Paris, 1853. 1 vol. in-8. (5). 2 fr.

—— **Précis théorique et pratique des maladies vénériennes.** Paris, 1840. 2 vol. in-8. (12). . . . . 6 fr.

BERTHIER (P.), médecin de l'hospice de Bicêtre. **Excursions scientifiques dans les asiles d'aliénés de la France.** Paris, 186?
1870. 4 brochures in-8. . . . . 10 fr

—— **Médecine mentale.** Des causes. Paris, 1860. 1 vol. in-8. . . . 4 fr

    De la folie diathésique. Paris, 1859. In-8. . . . . 1 fr. 5

—— **Erreurs relatives à la folie.** Paris, 1863. In-8. 75

BONNET (A.). **Des moyens de prévenir la récidive du cance**
du sein après son extirpation. Lyon, 1847. In-8 de 24 pages. 75 c

—— **Du soulèvement et de la cautérisation profonde du**
cul-de-sac rétro-utérin dans les rétroversions de la ma
trice. Lyon, 1858, in-8 de 32 pages. 75 c

—— **De l'éducation du médecin.** Lyon, 1852. In-8 de 35 p. . . 75 c

BOSSU (A.). **Traité des plantes médicinales indigènes,** précéd
d'un Cours de botanique. 2ᵉ édition, Paris, 1862. 2 vol. in-8, avec 60 pl
gravées, représentant les organes des végétaux, les caractères des familles, etc. . . . . 13 fr
— Le même ouvrage, figures coloriées. . . . . 22 fr

—— **Anthropologie** ou étude des organes, fonctions, maladies de l'homm
et de la femme, comprenant l'anatomie, la physiologie, l'hygiène, la
pathologie, la thérapeutique et la médecine légale. 5ᵉ édition. Paris,
1859. 2 v. in-8, avec atlas de 20 planches. . . . . 15 fr
— Le même ouvrage, figures coloriées. . . . . 22 fr.

BOUCHARD, professeur agrégé à la Faculté de médecine de Paris. **Re**
cherches nouvelles sur la pellagre. Paris, 1862. 1 vol. in-8 de
400 pages. . . . . 6 fr.
   Ouvrage couronné par les Sociétés de médecine de Lyon et Strasbourg (prix de
500 fr.), et honoré d'un encouragement de 1,000 fr. par l'Institut (Académie des
sciences).

—— **De la pathogénie des hémorrhagies** Paris, 1869. 1 vol. in-8
avec fig. . . . . 3 fr. 50

—— **Études expérimentales sur l'identité de l'herpès circiné**
et de l'herpès tonsurant. 1861. Brochure in-8. . . . . 75 c.

BRACHET. Recherches expérimentales sur les fonctions du
système nerveux ganglionnaire et sur leur application à la pathologie. 2ᵉ édition. Paris, 1837. 1 vol. in-8 (7). . . . . 3 fr
   Ouvrage couronné par l'Institut.

COULON (A.), professeur à l'École de médecine d'Amiens, chevalier de la
Légion d'honneur. **Traité clinique et pratique des fractures**
chez les enfants, précédé d'une lettre par le docteur MARJOLIN,
chirurgien de l'hôpital Sainte-Eugénie (Enfants malades), membre de la
Société de chirurgie, etc. Paris, 1861. 1 vol. in-8. . . . . 4 fr.
   Ouvrage couronné par la Société de médecine de Lille.

—— **De l'angine couenneuse** et du croup considérés au point de vue
du diagnostic et du traitement. 2ᵉ édition. Paris, 1867. 1 volume in-8 de
100 pages. . . . . 2 fr.

—— **De l'ophthalmie purulente chez les enfants.** 1863. in-8
de 24 p. . . . . 1 fr.

—— **De la fièvre typhoïde dans la première enfance.** 1863. In-8.. . . . . 1 fr.

DELACROIX (Émile) et ROBERT (Aimé). Les eaux. Étude hygiénique et médicale sur l'origine, la nature et les divers emplois des eaux, tant ordinaires que médicinales, suivie d'un tableau général indicateur des sources minérales et stations balnéaires de la France et de l'étranger. Paris, 1865. 1 vol. in-18. . . . . 2 fr. 50

DESPINES (Prosper). Psychologie naturelle. Étude sur les facultés intellectuelles et morales dans leur état normal et dans leurs manifestations anomales chez les aliénés et chez les criminels

Tome I contenant une étude sur les facultés intellectuelles et morales, sur la raison, sur le libre arbitre et sur les actes automatiques.

Tome II contenant une étude psychologique sur les aliénés et sur les criminels. Parricides-homicides.

Tome III contenant une étude psychologique sur les criminels (*suite et fin*). Infanticide. — Suicides. — Incendiaires. — Voleurs. — Prostituées. — Bases du traitement moral auquel doivent être soumis les criminels et les délinquants. Paris, 1869. 3 vol. in-8 de 800 pages chacun. . . . . 21 fr.

DESPLATS (V.) et GARIEL, professeurs agrégés à la Faculté de médecine de Paris. **Nouveaux éléments de physique médicale**, précédés d'une préface, par M. Gavarret, professeur de physique médicale. à la Faculté de médecine de Paris. Paris, 1870. 1 vol. petit in-8, cart. en toile anglaise, avec 502 figures dans le texte. . . . . 7 fr.

La nécessité de l'introduction de la physique dans les études biologiques est, tous les jours, mieux et plus universellement comprise.

Un livre de physique, fortement empreint de ce caractère élémentaire qui n'exclut pas la rigueur de la démonstration, dans lequel se trouvent exposés, avec tous les développements convenables et avec les seules ressources des données expérimentales, les principes fondamentaux de la mécanique, en même temps que les principales lois de la chaleur, de l'électricité, de la lumière, de l'acoustique, des actions moléculaires, doit être désormais considéré comme un complément nécessaire des traités de physiologie, d'hygiène et même de pathologie. Toutes ces qualités se trouvent réunies dans les *Nouveaux éléments de physique médicale* publiés par MM. Gariel et Desplats ; nous ne saurions trop recommander cet ouvrage à l'attention des élèves des Facultés de médecine. Professeurs agrégés de la Faculté de médecine de Paris, préparés par des études approfondies des rapports des sciences physiques et des sciences biologiques, et aussi par une longue pratique de l'enseignement, MM. Gariel et Desplats. ont prouvé qu'ils possédaient les connaissances et les aptitudes nécessaires pour mener à bonne fin une œuvre dont, mieux que personne, ils comprenaient toutes les difficultés.

J. Gavarret.

DESSAIX (J.-M.). De la médecine conjecturale, soi-disant rationnelle, et **de la médecine positive.** coup d'œil d'un homœopathe. Lyon, 1843. In-8 de 190 p. . . . . 75 c.

DES VAULX (J.-P.). Guide pour le traitement des maladies vénériennes, à l'usage des gens du monde, avec 4 planches coloriées, dessinées par le docteur Claparède. Paris, 1862. 1 vol. in-32, de 192 pages. . . . . 1 fr.

DEVAY (F.). De la médecine morale. Paris, 1861. Br. in-8. 2 fr. 50

—— **et GUILLIERMOND. Recherches nouvelles sur le principe de la ciguë (conicine)**, et de son mode d'application aux maladies cancéreuses et aux engorgements de la matrice et du sein. 2e édition. Paris, 1853. In-8 (4). . . . . 2 fr.

DUBRUEIL, professeur agrégé de la Faculté de médecine de Paris, chirurgien des hôpitaux. **Manuel d'opérations chirurgicales.** Paris, 1870. 1 vol. in-18, cart. en toi'e anglaise avec 28 pl. coloriées.   10 fr.

—— **De l'amputation intra-deltoïdienne.** Paris, 1866. In-8.   75 c.

—— **Note sur la cicatrisation des os et des nerfs.** Paris, 1867. In-8. . . . . 50 c.

—— **Des indications que présentent les luxations de l'as-** tragale. Paris. 1864. In-4 de 44 pages et planches. . . . . 2 fr.

—— **De l'iridectomie.** Paris, 1866. In-8 de 90 pages. . . . . . 2 fr.

—— **Recherches** sur l'action physiologique du sulfocyanure de potassium (en collaboration avec M Legros). In-8 de 4 pages. . . . . 50 c.

—— **Des diverses méthodes du traitement des plaies.** Paris, 1869. In 8 de 95 p. . . . . 2 fr.

—— **Mélanges d'orthopédie.** Paris 1870. In-8. de 32 p. et 1 pl. 1 fr. 25

—— **Note sur le traitement des rétractions des muscles flé-** chisseurs des doigts. Paris, 18 0. In-8 de 12 pages. . . . . 50 c.

DURAND (de Lunel). **Théorie électrique du froid, de la cha-** leur et de la lumière, doctrine de l'unité des forces physiques, avec un Avant-propos sur l'action physiologique de l'électricité. Paris, 1863. In-8 de 36 pages. . . . . 1 fr. 50

—— **Traité dogmatique et pratique des fièvres intermit-** tentes, suivi d'une Notice sur le mode d'action des eaux de Vichy dans le traitement des affections consécutives à ces maladies. Paris, 1862. 1 vol. in-8. . . . . 6 fr. 50

—— **Nouvelle théorie de l'action nerveuse** et des principaux phé- noménes de la vie. Paris, 1863. 1 vol. in-8. . . . . 7 fr. 50

—— **Des incidents du traitement thermo-minéral de Vichy.** Paris, 1864, in-8°. . . . . 1 fr. 50

DISCH (Th. de), professeur ordinaire et directeur de la polyclinique de l'Université d Heidelberg. **Traité des maladies du cœur,** traduit de l'allemand. Paris, 1871. 1 vol. gr. in-8 avec 41 figures dans le texte. 9 fr.

DUVAL (Émile) **De la chorée, sa définition; de ses différents traitements et spécialement de sa cure par l'hydrothé-** rapie. Paris, 1866. In-8 de 32 pages. . . . . 1 fr.

EBRARD. Hygiène des habitants de la campagne, cultivateurs, jardiniers, instituteurs, suivi d'un Essai sur la salubrité publique dans les communes rurales. 1865. 1 vol. in-8. . . . . 2 fr.

—— **Le livre des gardes-malades et des mères de famille.** Instructions sur les soins à donner aux malades et aux enfants. 6e édi- tion. Paris, 1867. 1 vol. in-18. 2 fr.

FAUCONNET. Du choléra asiatique comme conséquence d'un élément morbide de nature organisée. Étude déposée à l'Académie des sciences comme pièce de concours pour le prix Bréant, le 6 décembre 1865. Paris, 1866. 1 vol. in-8 de 64 pages. . . . . . 2 fr.

—— **Guérison du chancre, des bubons et de quelques syphi-** lides. Paris, 1867, in-8 de 38 pages. . . . . 75 c.

FERRAND, ancien chef de clinique de la Faculté. **De la médication antipyrétique.** Paris, 1869. 1 vol. in-8. . . . . 2 fr. 50

—— **L'aphasie et la psychologie de la parole.** Paris, 1870. In-8 de 23 pages. . . . .

FLORET (P.). Documents chirurgicaux, principalement sur les maladies de l'utérus. Paris, 1862. 1 vol. in-8, avec pl. . . 4 fr.

FREY (H.), professeur à l'Université de Zurich. **Traité d'histologie et d'histochimie,** traduit de l'allemand sur la 2e édition, par le Dr P. SPILLMANN annoté par M. RANVIER, préparateur du cours de médecine expérimentale au Collége de France et revu par l'auteur. Paris, 1871. 1 fort volume in-8 de 800 pages, avec 530 gravures dans le texte, et un tableau d'analyse spectrale colorié.. . . . . 16 fr.

——— **Le microscope, manuel à l'usage des étudiants,** traduit de l'allemand sur la 2e édition, par SPILLMANN. Paris, 1867. 1 vol. in-18, avec 62 figures dans le texte et une note sur l'emploi des objectifs à correction et à immersion. . . . . 4 fr.

GARIEL (C. M.), professeur agrégé à la Faculté de médecine de Paris. **De l'ophthalmoscope.** Paris, 1869. In-8 de 48 p.. . . . . 1 fr. 50

GONTIER DE CHABANNE. Le médecin, le chirurgien et le pharmacien à la maison, ou le meuble indispensable des familles, contenant : 1° instruction détaillée sur les récoltes des plantes médicinales usuelles ; 2° les meilleurs remèdes, les plus simples et les moins chers ; 3° la chirurgie populaire, ou instruction très-détaillée pour le pansement des maladies externes ; 4° la pharmacie des ménages ou manière de composer soi-même toute sorte de médicaments ; 5° l'herboristerie des familles, indication des plantes médicinales et leur emploi pour chaque maladie. 4e édition. 1868. 1 vol. in-8°. . . . . 5 fr.

GUETTET, médecin directeur de l'établissement hydrothérapique de Saint-Seine. **De l'hydrothérapie.** Paris, 1870. In-8 de 16 pages. . 75 c.

HARDY, préparateur de pharmacologie à la Faculté de médecine de Paris. **Principes de chimie biologique.** Paris, 1871. 1 vol. in-18 de 600 pages. . . . . 6 fr.

HUBERT RODRIGUE (D.). Clinique médicale de Montpellier. Constitutions médicales et épidémiques. — Climat de Montpellier. Paris, 1855. 1 vol. in-8. . . . . 2 fr.

JANTET (Charles et Hector), docteurs en médecine. **De la vie** et de son interprétation dans les différents âges de l'humanité. Paris, 1860. 1 vol. in-8.. . . . . 5 fr.

——— **Doctrine médicale matérialiste.** Paris, 1866. 1 vol. in-8. 6 fr.

JOULIN (D.), professeur agrégé à la Faculté de médecine de Paris. **Traité complet théorique et pratique des accouchements.** Paris, 1867. 1 fort volume grand in-8, de 1,200 pages avec 150 figures dans le texte. . . . . 16 fr.

M. Joulin a écrit un traité d'accouchements aussi complet que possible ; les matériaux de son livre, puisés aux meilleures sources, n'ont été acceptés qu'après une critique aussi impartiale que judicieuse ; l'auteur, après s'être approprié tous ces éléments, les a fort habilement mis en œuvre et fondus ensemble de la façon la plus heureuse. Le livre du savant agrégé de la Faculté de Paris n'est point une simple œuvre de vulgarisation, et la personnalité de l'auteur s'affirme d'une façon originale dans maint chapitre important.

Une innovation excellente est d'avoir placé à la fin de chaque chapitre un résumé en une ligne au plus de tout un paragraphe, ce qui fait de ce traité un excellent memento pour repasser à la veille d'un examen.

Les lecteurs soucieux d'approfondir un point spécial d'obstétrique trouveront à la fin de chaque chapitre un résumé bibliographique des plus complets.

Un grand nombre de gravures intercalées dans le texte, exécutées avec un soin peu ordinaire dans les traités d'accouchements publiés jusqu'à ce jour, en rendent l'intelligence facile.

——— **Des cas de dystocie appartenant au fœtus.** Paris, 1863, in-8 . . . . 3 fr.

JOULIN (D.). Du forceps et de la version dans les cas de rétrécissement du bassin. Paris, 1865. 1 vol. in-8. . . . . 2 fr. 50
Prix Capuron. Mémoire couronné par l'Académie de médecine.

KŒBERLÉ, professeur agrégé à la Faculté de médecine de Strasbourg. **Manuel opératoire de l'ovariotomie, suivi d'observations encore inédites, qui ont présenté des particularités exceptionnelles.** Paris. 1870. In-8 de 24 pages. . . . . 1 fr

LADREY, professeur à l'École de médecine de Dijon. **Programme d'un cours de pharmacie.** Paris, 1868. 1 vol. in-18. . . 1 fr. 25

—— **Les établissements industriels et l'hygiène publique.** Paris, 1867. 1 vol. in-8. 2 fr. 50

LANGLEBERT (Edmond). Traité théorique et pratique des maladies vénériennes, ou leçons cliniques sur les affections blennorrhagiques, le chancre et la syphilis, recueillies par M. EVARISTE MICHEL, revues et publiées par le professeur. Paris, 1864. 1 vol. in-8 de 700 pages, avec une bibliographie complète des ouvrages publiés jusqu'à ce jour sur la syphilis. . . . . 8 fr

Les discussions doctrinales n'ont point fait oublier à l'auteur que la médecine est avant tout l'art de guérir : *Primo sanare, deinde philosophari.* Aussi M. Langlebert a apporté le plus grand soin à l'étude du diagnostic et du traitement et il a fait tous ses efforts pour que son livre offrît aux jeunes médecins, non-seulement le tableau fidèle de l'état actuel de la science, mais encore un guide qui leur aplanit les difficultés de la pratique. La blennorrhagie et toutes ses complications chez l'homme et chez la femme, le chancre, les accidents secondaires et tertiaires de la syphilis constitutionnelle, la syphilis infantile, les questions d'hygiène sociale et de médecine légale qui s'y rattachent, y sont séparément décrits et exposés avec soin.

LEE (Henry). Leçons sur la syphilis. De l'inoculation syphilitique et de ses rapports avec la vaccination ; leçons professées à l'hôpital Saint-George, traduites de l'anglais par le docteur EDMOND BAUDOT. Paris, 1863. In-8 de 120 pages. . . . . 2 fr. 50

LEGRAND DU SAULLE, médecin de l'hospice de Bicêtre, etc. **La folie devant les tribunaux.** Paris, 1864. 1 vol. in-8 de 600 pages. 8 fr. *Ouvrage couronné par l'Institut de France.*

—— **Pronostic et traitement de l'épilepsie.** Succès remarquables obtenus par l'emploi du bromure de potassium à haute dose. Paris, 1869. In-8 de 29 pages. . . . . 1 fr. 50

LEMARCHAND, médecin aux bains de mer du Tréport. **Des bains de mer sur les plages du Nord.** Conseils aux baigneurs. Paris, 1868. 1 vol. in-18. . . . . 1 fr.

LEROY (Camille). Considérations sur les affections fébriles, ou maladies aiguës. Paris, 1846. 1 vol. in-8. . . . . 2 fr.

LOISEAU (de Montmartre). **Traitement préventif du croup par le tannage.** Paris, 1862. In-8. . . . . 75 c.

LOUMAIGNE (L.). De la hernie de l'ovaire. Paris, 1869. In-8 de 48 pages. . . . . 1 fr. 50

LUCAS (Louis), auteur de *la Chimie nouvelle,* etc. **La médecine nouvelle,** basée sur des principes de physique et de chimie transcendantales, comprenant les principes de médecine, la physiologie (système nerveux, circulation et respiration), la pathologie. Paris, 1862-1863. 2 vol. in-18 formant ensemble 650 pages. . . . . 8 fr.

LUNIER (L.), inspecteur général du service des aliénés, et du service sanitaire des prisons de France. **Études sur les maladies mentales et sur les asiles d'aliénés.** De l'aliénation mentale et du crétinisme en Suisse, étudiés au point de vue de la législation, de la statistique, du traitement et de l'assistance. Paris, 1868. 1 vol. in-8 . . . . . . 5 fr.

—— **Des placements volontaires dans les asiles d'aliénés.** Études sur les législations françaises et étrangères. Paris, 1868. Brochure in-8. 1 fr. 50

—— **Des aliénés dangereux**, étudiés au triple point de vue clinique, administratif et médicolégal. Paris, 1869. In-8 de 30 p. . . . . 1 fr. 25

—— **De l'augmentation progressive du chiffre des aliénés et de ses causes.** Paris, 1870. In-8 de 16 pages et tableaux. . . 75 c.

MAISONNEUVE (J. G.), chirurgien de l'Hôtel-Dieu de Paris. **Clinique chirurgicale.** Paris, 1863-1864. 2 volumes grand in-8, formant ensemble 1500 pages, avec figures dans le texte. . . . . - 24 fr.
Le tome second, contenant les Affections cancéreuses, la Ligature extemporanée, les Tumeurs de la langue, les Maladies de l'ovaire, les Hernies, etc., se vend séparément.. . . . . 12 fr.

—— **Leçons cliniques sur les affections cancéreuses**, professées à l'hôpital Cochin, recueillies et publiées par le docteur Alexis Favrot.
Iᵗᵉ partie, comprenant les Affections cancéreuses en général. In-8 avec planches lithographiées. Paris, 1852. In-8.. . . . . 2 fr. 50
IIᵉ partie, comprend les Affections cancéreuses du sein. 1854. In-8. 2 fr. 50

—— **Le périoste et ses maladies.** Paris, 1839. In-8. . . . 2 fr. 50

—— **Mémoire sur la désarticulation totale de la mâchoire inférieure.** Paris, 1859. In-4, avec planches noires. . . . . . . 6 fr.
Avec planches coloriées. . . . . 12 fr.

—— **De la ligature extemporanée** et de sa supériorité sur l'instrument tranchant pour l'extirpation de toutes les tumeurs pédiculées ou pédiculables, avec description des instruments nouveaux destinés à son exécution. 1860. 1 vol. in-4 avec planches. . . . . 6 fr.

MANGIN (Arthur). De la liberté de la pharmacie. Paris, 1864 In-8 de 48 p. . . . . 1 fr.

MASSE (J. N.). **Petit atlas complet d'anatomie descriptive du corps humain.** *Ouvrage adopté par le conseil impérial de l'instruction publique.* Nouvelle édition augmentée des tableaux synoptiques d'anatomie descriptive. Paris, 1869. 1 vol. in-18 relié, de 115 planches gravées en taille-douce, avec texte en regard.. . . . . 20 fr.
—— Le même ouvrage avec les planches coloriées. . . . . 36 fr.
Plus de quarante mille exemplaires vendus depuis son apparition, des traductions dans toutes les langues attestent suffisamment l'accueil qui a été fait à cette utile publication. L'Atlas d'anatomie de Masse est devenu le *vade-mecum* de l'amphithéâtre

—— **Anatomie synoptique**, ou résumé complet d'anatomie descriptive du corps humain. Paris, 1867. 1 vol. in-18 de 116 pages. 2 fr.
Ces tableaux synoptiques sont extraits de la nouvelle édition du Petit Atlas d'Anatomie descriptive. On a fort approuvé l'idée qui a présidé à ce travail qui, sous une forme concise, est très-utile pour revoir rapidement les articulations, les insertions musculaires, l'angéiologie, la névrologie.

MAURIAC (Ch.), médecin de l'hôpital du Midi. **Étude sur les névralgies réflexes symptomatiques de l'orchi-épididymite blennorrhagique.** Paris, 1870. 1 vol. in-8 de 115 pages. . . . . 2 fr. 30
(Voyez page 14, West. *Leçons sur les maladies des femmes.*)

MAURIN (A.). Étude historique et clinique sur les eaux minérales de Néris. Paris, 1858. 1 vol. in-18. (5 fr. 50). . . . . . 50 c.

MAYGRIER (A.). **Les remèdes contre la rage,** aperçu critique, historique et bibliographique depuis le seizième siècle jusqu'à nos jours. Paris, 1866 In-8 de 16 pages. . . . . 50 c.

MILLET (**Auguste**), professeur à l'École de médecine de Tours, médecin de la colonie pénitentiaire de Mettray, lauréat de l'Académie impériale de médecine (grand prix de 1852). **Traité complet de la diphthérie.** Paris, 1863. 1 vol. in-8. . . . . 6 fr.
Ouvrage couronné par la Société des sciences médicales et naturelles de Bruxelles.

—— **De la diphthérie du pharynx.** Paris, 1862. In-8. . 2 fr. 25
Mémoire couronné (médaille d'or) par la Société centrale de médecine du département du Nord.

—— **De l'emploi thérapeutique des préparations arsenicales.** 2e édition entièrement refondue. Paris, 1865. 1 vol. in-8. . 4 fr.
Mémoire couronné par la Société centrale de médecine du département du Nord.

MIOT (C.). **Traité pratique des maladies de l'oreille.** Paris, 1870. 1 vol. gr. in-8 de 340 pages avec 18 figures dans le texte et 4 planches chromo-lithographiées représentant 38 figures. . . . . 7 fr.

MOISY (D.). **Les eaux de Paris; bains, lavoirs.** Paris, 1869. 1 vol in-18 de 214 p. . . . . 2 fr.

MOREAU (F.). **De la liqueur d'absinthe** et de ses effets. Paris, 1863. Brochure in-8. . . . . 1 fr.

NAQUET (A.), professeur agrégé à la Faculté de médecine de Paris. **Cours de chimie pratique.** d'après les théories modernes, à l'usage des médecins, pharmaciens. étudiants en médecine, chimistes. et en pharmacie, par W. Odling. Traduit de l'anglais sur la 3e édition par A. Naquet. Paris, 1869. 1 vol. in-18 avec 71 figures dans le texte. . . . . . 4 fr. 50
Depuis plusieurs années déjà, les étudiants sont exercés aux manipulations chimiques, et ces manipulations paraissent même devoir prendre une extension considérable. En présence de ce fait nouveau dans l'enseignement, nous avons pensé qu'un livre renfermant tout ce que les étudiants ont besoin d'apprendre dans leurs manipulations et rien de plus; qu'un livre capable de servir de guide de laboratoire répondait à un besoin réel. Nous ne pouvions mieux faire que de traduire en français, pour cet usage, le *Cours de chimie pratique* de M. Odling. L'auteur possède en effet une clarté, une méthode que l'on pourrait peut-être atteindre, mais que certainement on ne saurait dépasser.
(Voy. page 15, *Principes de chimie.*)

NEUBAUER (Dr), professeur de chimie et de pharmacie au laboratoire de chimie de Wiesbaden, et **VOGEL (Dr)**, directeur, professeur de médecine à l'Institut pathologique de Halle. **De l'urine et des sédiments urinaires.** Propriétés et caractères chimiques et microscopiques des éléments normaux et anormaux de l'urine, analyse qualitative et quantitative de cette sécrétion. Description et valeur séméiologique de ses altérations pathologiques, etc.; précédé d'une introduction par R. Fresenius, traduit de l'allemand sur la 5e édition, par le docteur L.-A. Gautier. Paris, 1870. 1 vol. gr. in-8, avec 4 planches col. et 31 figures dans le texte. . . . . 10 fr.
L'ouvrage de MM. Neubauer et Vogel est un livre essentiellement pratique, dont l'utilité est éloquemment démontrée par l'empressement avec lequel il a été accueilli. L'urine est, au point de vue physiologique, la sécrétion la plus importante de l'organisme, et sous l'influence des maladies elle subit des modifications dont la connaissance offre au médecin praticien de précieuses ressources pour le diagnostic et le traitement d'un grand nombre d'affections.

ODEPH (A.). **Traité complet de la culture de l'opium indigène,** précédé de la possibilité pratique de l'obtenir en France, suivi de la fabrication de l'huile d'œillettes. 1865. In-18. . . . . 2 fr.

PASSOT (Ph.). **Études et observations obstétricales.** 1 vol. in-8. . . . . 2 fr.

PERROUD, médecin de l'Hôtel-Dieu de Lyon. **De la tuberculose, ou de la phthisie pulmonaire** et des autres maladies dites scrofuleuses et tuberculeuses, étudiées spécialement sous le double point de vue de la nature et de la prophylaxie. Paris, 1861. 1 vol. in-8. . . . . 5 fr.
> Ouvrage couronné par la Société de médecine de Bordeaux.

—— **De l'état charbonneux du poumon** à propos de quelques faits graves d'anthracosis. 1862. In-8. . . . . 75 c.

—— **Influence des pyrexies sur les principaux phénomènes de la menstruation.** In-8 de 30 p. . . . . 75 c.

—— **Note sur l'albuminurie.** In-8. . . . . 75 c.

PHILIPEAUX (**R.**), lauréat de l'Académie des sciences, de l'Académie de médecine, correspondant de la Société impériale de chirurgie, etc. **Traité de thérapeutique de la coxalgie**, suivi de la description de **l'appareil inamovible**, pour le traitement des coxalgies, par le professeur Verneuil. Paris, 1867. 1 vol. in-8 avec figures intercalées dans le texte. . . . . 8 fr.

PLANCHON (**G.**), professeur à l'École supérieure de pharmacie de Paris. **Guide pratique** pour la détermination des drogues simples et usuelles. Paris, 1871. 1 vol. petit in-8 avec figures dans le texte (*sous presse*).

—— **Des quinquinas.** Paris, 1866. 1 volume in-8 . . . . . 3 fr. 50
> Pour les autres publications de M. Planchon, voy. nos Catalogues d'histoire naturelle.

POTTON. De la goutte et du danger des traitements empiriques qui lui sont opposés; de son traitement rationnel. Paris, 1860. 1 vol. in-8   2 fr.

PRAVAZ (**Ch. G.**). **Traité théorique et pratique des luxations congénitales du fémur,** suivi d'un appendice sur la prophylaxie des luxations spontanées. Paris, 1847. 1 vol. in-4 avec 10 pl. (20). . . . . 12 fr.

PUECH (**A.**). **De l'atrésie des voies génitales de la femme.** Paris, 1864. In-4. . . . . 5 fr.

—— **De l'hématocèle péri-utérine.** Paris, 1861. In-8. . . 1 fr. 50

—— **De l'hématocèle péri-utérine** et de ses sources. Paris, 1858. 1 vol. in-8. . . . . 3 fr.

—— **De l'apoplexie des ovaires.** Paris, 1858. Brochure in-8. 1 fr.

QUANTIN (**Émile**). **Prostitution et syphilis.** Paris, 1863. 1 vol. in-18. . . . . 1 fr. 25

—— **De la chorée.** Dijon, 1859. 1 vol. in-18. . . . . 5 fr.

RAPOU (**A.**). **Histoire de la doctrine médicale homoeopathique;** son état actuel dans les principales contrées de l'Europe. Application pratique des principes et des moyens de cette doctrine au traitement des malades. Lyon, 1847. 2 volumes in-8 avec un portrait gravé de Hahnemann. . . . . 15 fr.

REAU (**G.**). **Des amauroses** en général et de quelques **amblyopies toxiques** en particulier. Paris, 1868. In-8 de 70 p. . . . . . . 2 fr.

REBOLD (**E.**). **L'électricité,** moteur de tous les rouages de la vie. Paris, 1869. 1 vol. in-8 avec 6 pl. . . . . 6 fr.

RICHARD (de Nancy). **Traité de l'éducation physique des enfants.** 3e édition, augmentée. Paris, 1861. 1 vol. in-18. . . . . . . 4 fr.

—— **Commentaire physiologique sur la personne d'Horace.** Paris, 1863. 1 vol. in-18. . . . . 3 fr. 50

RIOUX (J.), La médecine des familles ou Traité des propriétés médicinales, des plantes indigènes et de celles qui sont généralement cultivées en France; contenant, pour chaque espèce : sa description botanique; ses propriétés alimentaires et médicinales; l'indication de la manière dont on doit l'employer; les soins à prendre pour la récolter, la sécher et la conserver; le traitement de l'empoisonnement par celles qui sont vénéneuses. Paris, 1862. 1 volume in-18. . . . . 1 fr.

ROBERT (A.). Guide du médecin et du touriste aux bains de la vallée du Rhin, de la Forêt-Noire et des Vosges. 2ᵉ édition. Paris, 1869. 1 vol. in-18 cart. en toile anglaise. . . . . 6 fr.

ROCHEBRUNE (A. T. DE). Sur un fœtus humain, appartenant à la famille des anencéphaliens. Paris, 1869. In-8 de 30 p. et pl. 1 fr. 50

SABATIER (A.), professeur agrégé à la Faculté de médecine de Montpellier. **Recherches anatomiques et physiologiques** sur les appareils musculaires correspondant à la vessie et à la prostate dans les deux sexes. Paris, 1864, in-8 avec 4 pl. . . . . 3 fr. 50

—— **Réflexions sur un cas rare de transposition générale des viscères,** avec conservation de la direction normale du cœur. Paris, 1865. 1 vol. in-8 avec pl. . . . . 2 fr.

—— **De l'absorption.** Paris, 1866, in-8. . . . . 3 fr. 50

SALES-GIRONS, médecin inspecteur de l'établissement de Pierrefonds. **Traitement de la phthisie pulmonaire** par l'inhalation des liquides pulvérisés et par les fumigations de goudron. Paris, 1860. 1 vol. in-8 de 600 pages. . . . . 5 fr.

SAPPEY (Ph. C.), professeur d'anatomie à la Faculté de médecine de Paris. **Recherches sur l'appareil respiratoire des oiseaux.** Paris, 1847. 1 vol. in-4 de 100 pages avec 4 planches. (9). . . . 1 fr. 50

SAUVAGE (G. E.). Recherches sur l'état sénile du crâne. Paris, 1870. 1 vol. gr. in-8 avec planches. . . . . 3 fr. 50

SÉMANAS. Doctrine pathogénique fondée sur le digénisme phlegmasi-toxique et ses composés morbides. Paris, 1858. 1 vol. in-8. (4 fr. 50). . . . . 2 fr.

—— **Traité des frictions quiniques chez les enfants.** Paris, 1859. 1 vol. in-8. (4 fr. 50). 2 fr.

SERAINE (Dʳ Louis). De la santé des gens mariés, ou physiologie de la génération de l'homme et hygiène philosophique du mariage. 2ᵉ édition. Paris, 1866. 1 beau vol. in-18 de 400 p. . . . . 3 fr.

SOMMAIRE DES PRINCIPAUX CHAPITRES DE LA TABLE DES MATIÈRES.

I. Du sens génésique. — II. Des organes reproducteurs. — III. Limite de la puissance sexuelle. — IV. Du mariage et de la maternité. — V. Du célibat et de ses inconvénients. — VI. Conformation vicieuse des organes reproducteurs. — VII. Syncope génitale. — VIII. Atonie des organes. — IX. Perversion nerveuse. — X. Absence ou vice de composition des germes. — XI. Hérédité de structure. — XII. Hérédité physiologique. — XIII. Hérédité de quelques diathèses. — XIV. Hérédité de quelques névropathies. — XV. Hérédité morale.

Depuis longtemps il nous semblait regrettable qu'il n'existât pas sur ces questions un livre sérieux et honnête écrit au nom de la science, dans un style simple et chaste, où les personnes mariées pussent étudier sans rougir ce sujet qui les intéresse si fort dans leur personne et leur postérité. Nous nous sommes efforcé de combler cette lacune.   L. SERAINE.

SERAINE (L.). De la santé des petits enfants, ou conseils aux mères sur la conservation des enfants pendant la grossesse, sur leur éducation physique depuis la naissance jusqu'à l'âge de sept ans, et sur leurs principales maladies. 6e mille, Paris, 1870. 1 vol. in-32 de 192 p. . 1 fr.
Le même ouvrage, papier vergé, tiré à petit nombre. . . . . 3 fr.
    Petit ouvrage plein de charme et de la plus haute moralité. Il devrait se trouver dans toutes les corbeilles de mariage.

SÉRULLAZ, lauréat de l'Académie de médecine de Paris. **Mémoire sur le traitement du croup** par la cautérisation laryngée. Nouveau procédé. Paris, 1863. Brochure in-8. . . . . 1 fr.

SICARD (H.), professeur agrégé à la Faculté de médecine de Montpellier. **Des organes de la respiration** dans la série animale. Paris, 1869. In-8 de 85 pages. . . . . 2 fr.

SZAFKOWSKI (L. R.). Recherches sur les hallucinations au point de vue de la psychologie, de l'histoire et de la médecine légale. Paris, 1849. In-8 (5). 2 fr.

TRIQUET. Leçons cliniques sur les maladies de l'oreille, ou thérapeutique des affections aiguës et chroniques de l'appareil auditif, Paris, 1863. 1 vol. in-8 avec fig. dans le texte. . . . . 7 fr.

UHLE et WAGNER, professeur à l'Université de Leipzig. **Nouveaux éléments de pathologie générale,** traduit de l'allemand sur la 4e édition, par les docteurs Mahaux et Delstanche. Paris, 1871. 1 vol. gr. in-8 de 650 pages. . . . . 9 fr.

VACHER (L.). Étude médicale et statistique sur la mortalité à Paris, à Londres, à Vienne et à New-York en 1865, d'après les documents officiels, avec une carte météorologique et mortuaire. Paris, 1866. 1 vol. in-8. . . . . 6 fr.

— **Des maladies populaires** et de la mortalité à Paris, à Londres. à Vienne, à Bruxelles, à Berlin, à Rockaden et à Turin, en 1866, avec une étude médico-hygiénique sur les consommations dans ces villes. 2e année. Paris, 1867. In-8. . . . . : . . . . 5 fr.

—— **Carte présentant l'état météorologique et la mortalité à Paris en 1865.** 1 gr. feuille jésus. . . . . 2 fr.
    Cette carte donne le tracé graphique et jour par jour de toutes les circonstances météorologiques et de la mortalité, ainsi que la mortalité relative pour chacun des 20 arrondissements, des détails sur la mortalité à Paris à différentes époques, etc.

—— **Statistique du choléra de 1865 à 1867 en Europe.** In-8 de 14 pages. . . . . 1 fr. 50.

VAULLET (P. M.), directeur de l'hôpital d'Annecy. **Études climatologiques sur le département de la Haute-Savoie.** Paris, 1870. In-8 de 90 p. . . . . 2 fr. 50

VERRIER (E.). Manuel pratique de l'art des accouchements, précédé d'une préface par Pajot, professeur à la Faculté de médecine de Paris. Paris, 1867. 1 vol. in-18 de 700 p. avec 87 gr. dans le texte. 6 fr.
    Ce manuel est le *vade-mecum* de l'étudiant et du praticien ; il a pour parrain un des hommes les plus populaires de la Faculté de Paris, le professeur Pajot, qui en a écrit la préface.

—— **Des positions inclinées, et du nouveau traitement des affections puerpérales.** Paris, 1869. In-8 de 18 p. . . . . . . 1 fr.

WEST (Charles), membre du Collége royal des médecins, examinateur d'accouchements à l'Université de Londres, médecin de l'hôpital des enfants, et premier accoucheur des hôpitaux de Saint-Barthélemy et de Middlesex. **Leçons sur les maladies des femmes**, traduit de l'anglais sur la 3ᵉ édition et considérablement annoté par MAURIAC, médecin des hôpitaux. Paris, 1870. 1 fort vol. in-8 cartonné de 800 pages.   14 fr.

WUNDERLICH De la température du corps dans les maladies. Traduit de l'allemand sur la 2ᵉ édition, par Labadie Lagrave, interne lauréat des hôpitaux. Paris, 1871. 1 vol. gr. in-8 avec 41 figures dans le texte et 7 planches. . . . .   10 fr.

WUNDT. Professeur à l'université d'Heidelberg. **Nouveaux éléments de physiologie humaine**. Traduit de l'allemand et augmenté de notes par le Dʳ BOUCHARD, professeur agrégé à la Faculté de médecine de Strasbourg. Paris, 1871. 1 vol. grand in-8 avec 150 figures dans le texte. . . .   12 fr.

CHIMIE — PHYSIQUE — MATHÉMATIQUES

BOLLEY (AL.), professeur de chimie industrielle, à l'École polytechnique de Zurich. **Manuel pratique d'essais et de recherches chimiques appliqués aux arts et à l'industrie**. Guide pour l'essai et la détermination de la valeur des substances naturelles ou artificielles employées dans les arts, l'industrie, etc., traduit de l'allemand sur la 3ᵉ édition, par le Dʳ L. Gautier. Paris, 1869. 1 vol. in-18, de 700 pages avec 98 figures dans le texte. . . . .   7 fr. 50

Ce livre intéresse toutes les personnes qui sont dans le cas d'avoir à faire des essais de matières premières ou de produits manufacturés. Trois éditions attestent éloquemment l'accueil dont il a été l'objet en Allemagne.

BOURGOIN (Edme), pharmacien en chef de l'hôpital du Midi. **De l'isomérie**. Paris, 1866. In-8 de 135 pages. . . . .   2 fr. 50

DELESCHAMPS (Albert.). **Étude physique des sons de la parole**. Paris, 1869. In-8 de 107 pages, avec 18 fig. dans le texte.   2 fr. 50

DESPLATS (V.) et GARIEL (C. M.), professeurs agrégés à la Faculté de médecine de Paris. **Nouveaux éléments de physique médicale**, précédé d'une préface, par M. Gavarret, professeur à la Faculté de médecine de Paris. Paris, 1870. 1 vol. petit in-8 cartonné avec 502 figures dans le texte. . . . .   10 fr.

La nécessité de l'introduction de la physique dans les études biologiques est, tous les jours, mieux et plus universellement comprise.

Un livre de physique, fortement empreint de ce caractère élémentaire qui n'exclut pas la rigueur de la démonstration, dans lequel se trouvent exposés, avec tous les développements convenables et avec les seules ressources des données expérimentales, les principes fondamentaux de la mécanique, en même temps que les principales lois de la chaleur, de l'électricité, de la lumière, de l'acoustique, des actions moléculaires, doit être désormais considéré comme un complément nécessaire des traités de physiologie, d'hygiène et même de pathologie. Toutes ces qualités se trouvent réunies dans les *Nouveaux éléments de physique médicale* publiés par MM. Gariel et Desplats; nous ne saurions trop recommander cet ouvrage à l'attention des élèves des Facultés de médecine. Professeurs agrégés de la Faculté de médecine de Paris, préparés par des études approfondies des rapports des sciences physiques et des sciences biologiques, aussi par une longue pratique de l'enseignement, MM. Gariel et Desplats ont prouvé qu'ils possédaient les connaissances et les aptitudes nécessaires pour mener à bonne fin une œuvre dont, mieux que personne, ils comprenaient toutes les difficultés.

J. GAVARRET.

FRESENIUS (Remigius), professeur de chimie à l'université de Wiesbaden. **Traité d'analyse chimique qualitative,** des opérations chimiques, des réactifs et de leur action sur les corps les plus répandus,
essais au chalumeau, analyse des eaux potables, des eaux minérales, du
sol, des engrais, etc. Recherches chimico-légales, analyse spectrale, traduit
de l'allemand sur la 13ᵉ édition, par FORTHOMME, professeur de physique
et de chimie à la Faculté des sciences de Nancy. Paris, 1871. 1 volume
grand in-18 avec fig. dans le texte, et un spectre solaire colorié. .　6 fr.

> Je regarde ce précieux ouvrage comme très-utile pour l'enseignement dans les
> diverses Facultés, pour les médecins et les pharmaciens. Je recommande ce livre à
> tous, étudiants et chimistes, même à ceux qui possèdent déjà des traités plus com-
> lets d'analyses. J. LIEBIG.

——— **Traité d'analyse quantitative.** Traité du dosage et de la séparation des corps simples et composés les plus usités en pharmacie, dans les
arts et en agriculture, analyse par les liqueurs titrées, analyse des eaux
minérales, des cendres végétales, des sols, des engrais, des minerais métalliques, des fontes, dosage des sucres, alcalimétrie, chlorométrie, etc.,
traduit sur la 5ᵉ édition allemande, par M. FORTHOMME, agrégé, docteur ès
sciences, professeur de physique et de chimie au lycée de Nancy. Paris,
1867. 1 vol. grand in-18 de 1,000 p. avec 190 fig. dans le texte.　12 fr.

GABIEL (C.-M.)., professeur agrégé et préparateur de physique à la Faculté de médecine de Paris. **Des phénomènes physiques de
l'audition.** Paris, 1869. In-8 de 109 pages. . . . .　2 fr. 50

GAUTIER (A), professeur agrégé à la Faculté de médecine de Paris, etc.
**Étude sur les fermentations proprement dites et les fer-
mentations physiologiques et pathologiques.** Paris, 1869.
In-8 de 123 pages. . . . .　3 fr.

GIRARDON (D.), directeur de l'École centrale lyonnaise, professeur à
la Martinière. **Cours élémentaire de perspective linéaire,**
à l'usage des écoles des beaux-arts, de dessin, des artistes, architectes, etc.
Paris, 1859. 2 vol. in-8, avec un atlas de 28 pl. gravées. . . . . . . 　6 fr.

GRIMAUX (Édouard), professeur agrégé à la Faculté de médecine de
Paris. **Équivalents, atomes, molécules.** Paris, 1866. 1 vol. in-8
de 110 pages. . . . . 　2 fr.

——— **Du haschich** ou chanvre indien. Paris, 1866. In-8. . . .　1 fr. 50

HARDY, préparateur à la Faculté de médecine de Paris. **Principes de
chimie biologique.** Paris, 1871. 1 vol. in-18 de 600 pages. .　6 fr.

LADREY, professeur à l'École de médecine et de pharmacie de Dijon.
Étude sur le phosphore. Paris, 1868. 1 vol in-8 de 102 pages.　2 fr.

LE ROUX, professeur de géométrie à l'École du Conservatoire des arts
et métiers. **Cours de géométrie élémentaire** (Géométrie plane et
Géométrie dans l'espace). Paris, 1864. 1 v. in-18 de 500 pages avec 500 gr.
dans le texte. . . . . 　6 fr.
Séparément le tome II, comprenant la Géométrie de l'espace. . . . . .　2 fr.

MORIN (Ed.). Lois générales de la chaleur rayonnante. Paris,
1863. In-8 de 81 pages. . . . .　1 fr. 50

NAQUET (J. A.), professeur agrégé à la Faculté de médecine de Paris.
Principes de chimie fondée sur les théories modernes. 2ᵉ édition,
revue et considérablement augmentée. Paris, 1867. 2 vol. in-18, de 1,100 p.
avec fig. dans le texte. . . . .　10 fr.
> Une première édition épuisée en dix-huit mois, des traductions en anglais, en
> allemand témoignent de l'opportunité du livre de M. Naquet et de la faveur avec
> laquelle il a été accueilli.

NAQUET (A.). Cours de chimie pratique, d'après les théories modernes, à l'usage des médecins, pharmaciens, étudiants en médecine et en pharmacie, chimistes, par W. Odling. Traduit de l'anglais sur la 3e édition, par A. Naquet. Paris, 1869. 1 vol. in-18 avec 71 figures dans le texte.   4 fr. 50

Depuis plusieurs années déjà, les étudiants sont exercés aux manipulations chimiques, et ces manipulations paraissent même devoir prendre une extension considérable. En présence de ce fait nouveau dans l'enseignement, nous avons pensé qu'un livre renfermant tout ce que les étudiants ont besoin d'apprendre dans leurs manipulations et rien de plus; qu'un livre capable de servir de guide de laboratoire répondait à un besoin réel. Nous ne pouvions mieux faire que de traduire en français pour cet usage, le *Cours de chimie pratique* de M. Odling. L'auteur possède en effet une clarté, une méthode que l'on pourrait peut-être atteindre, mais que certainement on ne saurait dépasser.

—— **Des sucres.** Paris, 1863. 1 vol. in-8 . . . .   1 fr. 50

—— **De l'allotropie et de l'isomérie.** Paris, 1860. Gr. in-8.   2 fr. 50

—— **De l'atomicité.** Paris, 1868. Brochure grand in-8 . . . . . .   1 fr.

NEUBAUER (Dr), professeur de chimie et de pharmacie au laboratoire de chimie de Wiesbaden, et **VOGEL (Dr)**, directeur professeur de médecine à l'Institut pathologique de Halle. **De l'urine et des dépôts urinaires.** Propriétés et caractères chimiques et microscopiques des éléments normaux et anormaux de l'urine, analyse qualitative et quantitative de cette sécrétion. Description et valeur séméiologique de ses altérations pathologiques, etc.; précédé d'une introduction par R. Fresenius, traduit de l'allemand sur la 5e édition, par le docteur L.-A. Gautier. Paris, 1870. 1 vol. gr. in-8, avec 4 planches col. et 31 fig. dans le texte. . . .   10 fr.

ROLLET (S.), ancien élève de l'École des mines. **Cours élémentaire et pratique du chauffage,** de l'entretien et de la conduite des chaudières à vapeur, fixes, locomobiles, locomotives et de bateaux à vapeur. Paris, 1857. 1 vol. in-4, avec planches. . . . .   6 fr.

ROUSSE, professeur de physique et de chimie au lycée impérial de Saint-Étienne. Tableau présentant la marche à suivre et les expériences à faire pour reconnaître la nature d'un gaz. 2 feuilles in-folio. . . . . . .   3 fr.

SECCHI (R. P.), directeur de l'Observatoire de Rome, membre correspondant de l'Institut de France, etc. **L'unité des forces physiques.** Essai de philosophie naturelle, traduit de l'italien sous les yeux de l'auteur, par le docteur Deleschamps. Paris, 1869. 1 fort vol. in-18 avec 56 figures dans le texte . . . .   7 fr. 50

Pour entreprendre une œuvre de cette portée et l'exécuter, il fallait joindre à une connaissance peu commune de tous les détails des sciences naturelles une rare hauteur de vues et une éminente faculté de généralisation. Or il est impossible de ne pas reconnaître que l'auteur de *l'Unité des forces physiques* réunit ces deux conditions à un degré tout à fait exceptionnel. Le livre du P. Secchi est une étude du plus haut intérêt, qui ne peut manquer de faire faire à la science un pas immense vers son but définitif.

TOURNIER (Émile). Nouveau Manuel de chimie simplifiée pratique et expérimentale sans laboratoire, manipulations, préparations, analyses contenant : 1° des ustensiles, appareils et procédés d'opérations les plus faciles ; 2° principes de la chimie, préparation, étude et usage des corps minéraux et organiques avec les noms anciens et nouveaux, expériences, procédés, recettes d'économie domestique et industrielle, etc.; 3° précis d'analyse, essais, recherche des falsifications. Paris, 1867. 1 vol. in-18 avec 300 figures dans le texte. . . . .   2 fr. 50

WALKOFF (L.), fabricant de sucre à Kiew. **Traité complet de fabrication et raffinage du sucre de betteraves,** à l'usage des fabricants de sucre, directeurs de sucreries, contre-maîtres mécaniciens, ingénieurs, constructeurs d'appareils pour sucrerie, cultivateurs chimistes, etc. 4e édition originale, traduction française, publiée par les soins de M. Mérijot, ancien élève de l'École polytechnique, ingénieur des manufactures de l'Etat. Paris, 1870. 2 v. in-8, avec 200 grav. dans le texte. . . .   30 fr.

WAGNER. Nouveau précis de chimie industrielle à l'usage des ingénieurs, chimistes, industriels, contre-maîtres, ouvriers, agriculteurs, etc., traduit de l'allemand sur la 8e édition, par le Dr L. Gautier. Paris, 1871. 1 vol. gr. in-8 avec 300 gravures dans le texte. . . . . 18 fr.

Cet ouvrage, qui a en Allemagne un très-grand succès, doit la faveur dont il jouit à la position scientifique de l'auteur et en outre à ce que désintéressé de toute participation spéculatrice à des entreprises industrielles, il ne craint pas d'instruire le lecteur des procédés perfectionnés et récents qui appartiennent à des industries nouvelles.

GÉOLOGIE — MINÉRALOGIE — PALÉONTOLOGIE

ARCHIAC (D'). Introduction à l'étude de la paléontologie stratigraphique. Cours de paléontologie, professé au Muséum d'histoire naturelle. Paris, 1862-1864. 2 vol. in-8 de 500 p., avec figures dans le texte et cartes coloriées. 16 fr.

Le 1er volume renferme l'*Histoire de la paléontologie stratigraphique.*

Le tome II traite des *Connaissances générales qui doivent précéder l'étude de la paléontologie stratigraphique et des phénomènes organiques de l'époque actuelle qui s'y rattachent.* — Origine des êtres; De l'espèce; M. Darwin; Iles et récifs de polypiers; Preuves de l'existence de l'homme; Restes d'industrie humaine; Habitations lacustres; Ouvrages en terre de l'Amérique du Nord; Fossilisation. . . . . . 8 fr. 50

Les matières traitées par M. d'Archiac n'ont donc été publiées jusqu'à ce jour dans aucun ouvrage de paléontologie. Cet ouvrage peut donc être considéré comme le complément de tous les traités de paléontologie; il se rattache en outre par la méthode à l'*Histoire des progrès de la géologie*, du même auteur.

—— **Histoire des progrès de la géologie de 1834 à 1860**, publiée par la Société géologique de France, sous les auspices de M. le ministre de l'instruction publique. Paris, 1847-1860. 8 vol. grand in-8, en 9 parties.

TOME I.	Cosmogonie et Géogénie. —Physique du globe. —Géographie physique. — Terrain moderne.	» »
TOME II.	*Première partie.* — Terrain quaternaire ou diluvien.. .	» »
TOME II.	*Deuxième partie.* — Terrain tertiaire.	»
TOME III.	Formation nummulitique. —Roches ignées ou pyrogènes des époques quaternaire et tertiaire.	8 »

Voy. D'ARCHIAC et HAIME : *Description des animaux fossiles du groupe nummulitique de l'Inde.*

TOME IV.	Formation crétacée, *première partie*, avec pl.	8 »
TOME V.	Formation crétacée, *deuxième partie*.	8 »
TOME VI.	Formation jurassique, *première partie*, avec pl.	10 »
TOME VII.	Formation jurassique, *deuxième partie*, avec pl.. . . .	8 »
TOME VIII.	Formation triasique.	8 »

—— **Géologie et paléontologie.** Ire partie. Histoire comparée. IIe partie. Science moderne. Paris, 1867. 1 fort vol. in-8. . . 7 fr. 50

—— **et Jules HAIME. Description des animaux fossiles du groupe nummulitique de l'Inde**, précédée d'un résumé géologique et d'une monographie des nummulites. Paris, 1853-1854. 2 vol. in-4 avec 36 planches de fossiles. . . . . 60 fr.
Le tome II se vend séparément. . . . . 30 fr.

L'ouvrage de MM. d'Archiac et Jules Haime forme le complément nécessaire du tome III de l'*Histoire des progrès de la géologie.*

Le tome I comprend la Monographie des Nummulites avec la description des Polypiers et des Echinodermes de l'Inde.

Le tome II, les Mollusques Bryozoaires, Acéphales, Gastéropodes, Céphalopodes, Annélides et Crustacés.

BAYLE, professeur de minéralogie et de géologie à l'École des ponts et chaussées. **Cours de minéralogie et de géologie.** Paris, 1869. 2 fascicules in-4, avec 400 gravures dans le texte . . . . . . 12 fr. 50
Prix du 2° fascicule séparément . . . . 5 fr.

BOUÉ (A.). Guide du géologue voyageur. Paris, 1836. 2 vol. in-18 . . . . 8 fr.

BROSSARD (E.). Essai sur la constitution physique et géologique des régions méridionales de la subdivision de Sétif (Algérie). Paris, 1866. 1 v. in-4 avec coupe et carte géol. col. 11 fr.

BURAT (Amédée). Description des terrains volcaniques de la France centrale. Paris, 1833. 1 v. in-8 avec 10 pl. . . . . . 7 f. 50

BURMEISTER, directeur du musée de Buenos-Ayres, etc. **Histoire de la création**, traduit de l'allemand par B. MAURAS, revue par GIEBEL. Paris, 1870. 1 vol. gr. in-8, avec gravures dans le texte . . . . . . 10 fr.
L'*Histoire de la création* de Burmeister est placée en Allemagne au même rang que le *Cosmos* de Humboldt. Huit éditions n'ont pas épuisé le succès de ce livre original, qui embrasse les questions les plus importantes et les plus attrayantes du monde physique. Une exposition magistrale et des explications libres de tout préjugé sont à la hauteur de ces problèmes difficiles qui embrassent la physique du globe, la météorologie, la géologie, paléontologie, anthropologie, zoologie, botanique. Deux célèbres savants se sont réunis pour traiter dans ce livre le domaine entier des sciences. De nombreuses gravures aident à l'intelligence du texte. Cet ouvrage n'est point seulement un livre traitant de questions générales, comme son titre pourrait le donner à penser, mais il renferme nombre de faits, disait un savant professeur de la Faculté des sciences, que l'on ne pourrait trouver nulle part ailleurs.

CARTES GÉOLOGIQUES DE TOUS LES DÉPARTEMENTS français, d'Angleterre, de Belgique, d'Allemagne, de Suisse, de l'Espagne, d'Italie.

COLLOMB (Édouard), membre de la Société géologique de France. **Carte géologique des environs de Paris,** d'après les travaux de MM. Cuvier et Brongniart, Omalius d'Halloy, Dufrénoy et Elie de Beaumont, d'Archiac, Raulin, de Sénarmont, Delesse, Deshayes, Desnoyers, Goubert, Hébert, Lambert, Lartet, Meugy, d'Orbigny, Michelot, Triger, Verneuil. Paris, 1866. 1 feuille imprimée en couleur au $\frac{1}{320000}$ . . 10 fr.
LA MÊME, sur toile, dans un étui . . . . 12 fr. 50

COTTEAU (G.). Échinides fossiles des Pyrénées. Paris, 1863. 1 vol. in-8 de 160 pages, avec 9 pl. représentant 119 sujets. . . . 8 fr.
Pour les autres publications de M. Cotteau, voy. nos Catalogues d'Histoire naturelle.

DEFRANCE. Tableau des corps organisés fossiles, précédé de remarques sur leur pétrification. Paris, 1824. In-8 . . . . 3 fr.

DELESSE, ingénieur des mines, professeur à l'École normale et des mines, membre des Sociétés géologiques de France et de Londres, etc. **Carte géologique du département de la Seine**, publiée d'après les ordres de M. le préfet de la Seine. Paris, 1866. 4 feuilles imprimées en chromolithographie, avec légende explicative. . . . . 20 fr.
La carte géologique du département de la Seine résume tous les résultats donnés par les travaux souterrains: elle permet d'indiquer à l'avance la nature et même la cote des différents terrains qui seraient rencontrés en un point quelconque. Elle sera donc fort utile, non-seulement aux personnes qui s'occupent de géologie, mais encore aux ingénieurs, aux architectes, aux constructeurs et à tous ceux qui ont besoin de connaître le sous-sol parisien.

——— **Procédé mécanique pour déterminer la composition des roches.** 2° édition. Paris, 1862. Brochure in-8 . . . . . . 1 fr. 25

——— **Recherches sur l'origine des roches.** 2° édition. Paris, 1865. In-8 de 80 pages . . . . 2 fr. 50

——— **Études sur le métamorphisme des roches.** Paris, 1869. In-8 de 100 pages . . . . 2 fr. 50

DOLLFUS-AUSSET. Matériaux pour l'étude des glaciers.
Paris, 1863-1871. 13 vol. grand in-8 et atlas in-folio. . . . . . . 300 fr.

T. Ier — Ire partie. — Auteurs qui ont traité des hautes régions des Alpes et des
       glaciers, et sur quelques questions qui s'y rattachent. . . . . 20 fr.
T. Ier. — IIe partie. — Auteurs, etc., etc. . . . . 20 fr.
T. Ier. — IIIe partie. — Auteurs, etc., etc. . . . . 20 fr.
T. II. — Hautes régions des Alpes ; Géologie; Météorologie; Physique du
       globe. . . . . 20 fr.
T. III. — Phénomènes erratiques. 20 fr.
T. IV. — Ascensions. . . . . 20 fr.
T. V. — Glaciers en activité. — Ire partie. . . . . 20 fr.
T. VI. — Glaciers en activité. — IIe partie. . . . . 20 fr.
T. VII. — Tableaux météorologiques. . . . . 20 fr.
T. VIII. — Observations météorologiques et glaciaires à la station Dollfus-Ausset,
       au col du Saint-Théodule (3,350 m. alt.), du 1er août 1865 au 1er août
       1866. . . . . 20 fr.
T. VIII. — IIe partie. — Observations, etc., etc. . . . . 20 fr.
T. VIII. — IIIe partie. — Observations, etc., etc. . . . . 20 fr.
T. IX. — Monographie des glaciers. (*Sous presse.*) . . . . 20 fr.
      — Atlas de 80 planches. (*Sous presse.*). . . . . 60 fr.

DOLLFUS (Aug.), Protogea Gallica. La Faune kimméridienne du cap
de la Hève. Paris, 1863. 1 vol. in-4, avec 18 pl. sur papier de Chine. 20 fr.

—— Et de **MONT-SERRAT (E.).** Voyage géologique dans les républiques
de Guatemala et de Salvador. (Missions scientifiques au Mexique et dans
l'Amérique centrale.) Paris, 1868, 1 vol. grand in-4 avec 18 planches
teintées et carte géolog. (50). 35 fr.
*Publié par ordre de S. M. l'Empereur et par les soins du Ministre de
l'instruction publique.*

**D'ORBIGNY (CH.). Tableau chronologique des divers ter-
rains,** ou systèmes de couches connues de l'écorce terrestre, présentant,
d'une manière synoptique les principaux êtres organisés qui ont vécu aux
diverses époques géologiques, et indiquant l'âge relatif aux différents
systèmes de montagnes, établis par M. Elie de Beaumont. 1 feuille jésus
coloriée . . . . 2 fr.
—— Le même collé sur toile, vernissé et monté sur gorge et rouleau (*propre
à l'enseignement*). . . . . 5 fr.

—— **Coupe figurative de la structure de l'écorce terrestre** avec
indication et figures des principaux fossiles caractéristiques des divers étages.
1 feuille grand-aigle, avec 182 figures de fossiles dessinées par Léger
et coloriées. . . . . 6 fr.
—— Le même collé sur toile, vernissé et monté sur gorge et rouleau (*propre
à l'enseignement*). . . . . 12 fr.

—— **Description des roches composant l'écorce terrestre
et des terrains cristallins constituant le sol primitif,** avec
indication des diverses applications des roches aux arts et à l'industrie ;
ouvrage rédigé d'après la classification, les manuscrits inédits et les leçons
publiques de feu M. Cordier. Paris, 1868. 1 fort vol. in-8. . . . . . 10 fr.

**DUFRÉNOY et ÉLIE DE BEAUMONT. Carte géologique de
la France,** publiée par ordre du ministre des travaux publics. 6 feuilles
grand-aigle coloriées, sur toile et pliées. In-4. . . . . 167 fr. 50

—— **Explication de la carte géologique de la France.** *En vente,*
les tomes I et II. . . . . 33 fr. 75
Le tome Ier contient la Carte réduite en une feuille.

—— **Carte géologique de la France,** imprimée en couleur (réduction
de la grande carte en 6 feuilles). 1 feuille avec le réseau pentagonal. 5 fr.
—— La même, collée sur toile. 7 fr.

DUMORTIER (**Eug.**), membre de la Société géologique de France. **Etudes paléontologiques sur les dépôts jurassiques du bassin du Rhône.** 1re partie, Infralias. Paris, 1864. 1 vol. gr. in-8°. avec 30 pl. de fossiles. 20 fr.

—— IIe partie, Lias inférieur. Paris, 1867. 1 vol. gr. in-8 avec 50 pl. de fossiles. . . . . 30 fr.

—— IIIe partie, Lias moyen. Paris, 1869. 1 vol gr. in-8 avec 45 pl. . 30 fr.

FOURNET (**J.**). **Géologie lyonnaise.** Paris, 1862. 1 très-fort vol. grand in-8 de 800 pages. (24). . . . . 20 fr.

FROMENTEL (**E. de**), membre de la Société géologique de France. **Introduction à l'étude des polypiers fossiles**, comprenant leur histoire, leur anatomie, leur mode de production et de reproduction, leurs habitudes extérieures, leur classification d'après la méthode dichotomique, la description des ordres, des familles, des genres et la description de toutes les espèces connues. Paris, 1858-61. 1 vol. in-8. . 5 fr.

Pour les autres publications de M. E. de Fromentel, voy. nos Catal. d'Hist. nat.

GAUDRY (**Albert**), professeur à la Faculté des sciences de Paris. **Animaux fossiles et géologie de l'Attique**, d'après les recherches faites en 1855-56 et en 1860 sous les auspices de l'Académie des sciences. Paris, 1862-68. 1 fort vol. in-4 de texte avec 5 planches de fossiles, cartes et coupes géologiques coloriées. . . . . 120 fr.

—— **Considérations générales sur les animaux fossiles de Pikermi.** Paris, 1861. 1 vol. in-8. . . . . 2 fr.

—— **Des lumières que la géologie** peut jeter sur quelques points de l'histoire ancienne des Athéniens. Paris, 1867. In-8 de 52 pages. 1 fr. 50

—— **Cours annexe de paléontologie** à la Faculté des sciences de Paris. Leçon d'ouverture. Paris, 1688. In-8 de 20 pages. . . . . 1 fr.

—— **Description géologique de l'île de Chypre.** Paris, 1862. 1 vol. in-4, avec carte géologique coloriée et 75 fig. dans le texte. 15 fr.

Pour les autres publications de M. Gaudry, voy. nos Catalogues d'Histoire naturelle.

GRAS (**Scipion**), ingénieur en chef des mines. **Traité de géologie agronomique.** Paris, 1870. 1 vol. in-8 de 600 pages. . . . . 8 fr.

—— **Description géologique du département de Vaucluse.** Paris, 1862. 1 vol. in-8, avec coupes géologiques coloriées. . . . . 8 fr.

—— **Carte géologique du département de Vaucluse.** 1 feuille coloriée. . . . . 7 fr.

Pour les autres publications de M. S. Gras, voy. nos Catalogues d'Histoire nat.

HÉBERT (**Paul**). **Théorie chimique de la formation des silex et des meulières.** Paris, 1864. In-8 de 16 p. . . . . 1 fr.

LAMBERT. Nouveaux éléments d'histoire naturelle, à l'usage des lycées, des candidats au baccalauréat ès sciences, etc. 3 vol. in-18 avec 440 gr. dans le texte. . . . . 7 fr. 50

—— **Géologie.** 2e édition. Paris, 1867. 1 v. in-18 de 240 p. avec 142 grav. dans le texte.

—— **Botanique.** 2e édition, Paris, 1870. 1 vol. in-18 avec 209 gravures dans le texte.

—— **Zoologie.** Paris, 1865. 1 vol. in-8 avec 100 gravures dans le texte. Chaque volume se vend séparément. . . . . 2 fr. 50

Ces *Nouveaux Éléments d'histoire naturelle* ont été rédigés dans le but d'offrir aux jeunes gens un cours clair et méthodique, pouvant leur servir de préparation immédiate aux examens du baccalauréat ès sciences et aux écoles du gouvernement.

Plus de six cents figures enrichissent ces trois volumes, qui sont imprimés sur beau papier ; c'est assez dire que nous n'avons rien négligé pour que l'exécution matérielle soit irréprochable.

Nous avons fait précéder chacun des trois volumes de l'histoire abrégée de la science qu'il traite. N'est-il pas naturel, en effet, en étudiant une science, de chercher à connaître son origine, ses progrès ou le développement de l'esprit humain ? Nous pensons que l'on nous saura gré de cette innovation.

LAMBERT. L'homme primitif et la Bible. Paris, 1869. In-8 de 67 pages. . . . . 1 fr. 50

LENNIER (G.). Études géologiques et paléontologiques sur l'embouchure de la Seine et les falaises de la haute Normandie. 1870. 1 vol. in-4 de 250 pages avec 12 pl. . . . . . . 25 fr.
Ouvrage couronné par les Sociétés scientifiques du Havre et de Rouen.

LORIOL (P. DE) et PELLAT (E.). Monographie paléontologique et géologique de l'étage portlandien des environs de Boulogne-sur-Mer. 1 vol. in-4, avec 10 pl. de fossiles. . 20 fr.

—— **et COTTEAU (G.). Monographie paléontologique et géologique de l'étage portlandien du département de l'Yonne.** Paris, 1868. 1 vol. in-4 avec 15 pl. de fossiles. . . . . 22 fr. 50

MALINOWSKI (D.). De l'exploitation du charbon de terre dans le bassin houiller du Gard. Paris, 1869. In-8 de 65 pages, avec carte du bassin houiller du Gard. . . . . 3 fr. 50

MARTIN (Jules), Paléontologie stratigraphique de l'infralias de la Côte-d'Or. Paris, 1860. 1 volume in-4 avec 8 planches.. 8 fr.

MICHELIN (Hardouin). Monographie des clypéastres fossiles. Paris, 1861. 1 vol. in-4 avec 28 planches.. . . . . 13 fr.

OMALIUS D'HALLOY. Abrégé de géologie. 8e édition. Paris, 1868. 1 vol. in-8 avec figures dans le texte . . . . 10 fr.

—— **Des races humaines**, ou Éléments d'ethnographie. 5e édition, augmentée d'une Classification des connaissances humaines et d'une Notice sur l'espèce. Paris, 1869. 1 vol. in-8 de 151 pages avec planches col. 3 fr.

PICTET (F.-J.), professeur à l'Académie de Genève. **Matériaux pour la paléontologie suisse.** Genève, 1854-1869, 1re série, 4 parties publiées en 11 livraisons, avec 64 planches lithographiées, in-4 relié en toile. . . . . 95 fr.
2e série, 2 parties publiées en 12 livraisons formant 2 vol. in-4, avec 55 planches, 4 coupes géologiques et atlas de 7 planches in-fol. 125 fr.
3e série, 2 parties publiées en 16 livraisons.. . . . . 130 fr.
4e série, 2 parties publiées en 11 livraisons. . . . . 97 »
5e série, publiée en 8 livraisons. 67 50

—— **Mélanges paléontologiques.** Genève, 1867-1869. 4 livraisons in-4, avec 44 pl. . . . . 58 fr.

RAMES (S.-B.). Étude sur les volcans. Paris, 1866. 1 volume in-32. . . . . 1 fr. 25

—— **La création d'après la géologie et la philosophie naturelle.** Ire partie. Paris, 1869. 1 vol. in-18 de 184 pages. . . . . . . 3 fr.

ROLLAND DU ROQUAN. Description des coquilles fossile, de la famille des rudistes, qui se trouvent dans le terrain crétacé de Corbières (Aude). Carcassonne, 1841. Avec 8 pl. (9 fr.). . . . . . . 3 fr.

SAPORTA (Comte G. de). Prodrome d'une flore fossile des travertins anciens de Sézanne. Paris, 1868. 1 vol. in-4 avec 15 planches. . . . . 17 fr.

TERQUEM et PIETTE. Le lias inférieur de l'est de la France. Paris, 1865. In-4 de 176 p. avec 18 pl. de fossiles. . . . . 15 fr.

VERNEUIL (E. de) ET COLLOMB (E). Membres de la Société géogique de France. **Carte géologique de l'Espagne et du Portug**
d'après leurs propres observations faites de 1844 à 1862, celles de M. C
Prado, Botella, Schulz, A. Maestre, Aranzazu, Bauza, J. de Vilanova, E. F
chez, F. de Lujan, de Lorière, Dufrénoy et Elie de Beaumont, Le Play, J
quel, Vezian pour l'Espagne, et celles de MM. C. Ribeiro et Sharpe pour
Portugal. Paris, 1849. Une feuille col. avec un texte explicatif. . . 15
VÉZIAN (Alexandre), professeur à la Faculté des sciences de Besanç
Prodrome de géologie. Paris, 1863-1866. 3 vol. in-8, publiés
10 livr. Ouvrage complet. 25
Constitution physique du globe au point de vue géologique. — Origine, du m
d'accroisement et de la structure générale de l'écorce terrestre.—Phénomènes g
logiques qui ont leur siége à la surface des continents et sur le sol émergé. —
phénomènes géologiques qui s'accomplissent au sein des eaux et sur le sol immer
— Phénomènes géologiques dont le siége est dans l'intérieur de l'écorce terrest
— Phénomènes dont le siége est dans l'intérieur de l'écorce terrestre, action ge
rienne, métamorphisme. — Actions dynamiques qui s'exercent sur l'écorce terres
stratigraphie générale.— Stratigraphie systématique: systèmes de montagnes. — Str
ture intérieure et configuration générale de l'écorce terrestre. — Intervention
l'organisme dans les phénomènes géologiques. — Révolutions de la surface du glo
— Classification et description des terrains de la série paléozoïque. — Classification
description des terrains de la série mésozoïque. — Classification et description
terrains de la série néozoïque.
Pour les autres publications de M. Vézian, voy. nos Catalogues d'Histoire naturelle
WOODWARD, A. L. S. Manuel de conchyliologie ou histoir
naturelle des mollusques vivants et fossiles, par le docte
S. P. Woodward, A. L. S., ancien aide paléontologiste au British Museum
augmenté d'un appendice, par Ralph Tate, A. L. S., F. G. S. Traduit d
l'anglais sur la 2ᵉ édition, par Aloïs Humbert. 1 vol. petit in-8 cartonné e
toile anglaise, non rogné, de 670 pages avec 25 planches contenant 57
figures et 297 gravures dans le texte. . . . . 14 fr
Il n'existait jusqu'à présent, en France, pour ceux qui se livrent à l'étude de
mollusques, que des compilations sans aucune valeur scientifique. Il manquait u
livre offrant les garanties que peuvent seules donner des études spéciales.
Le *Manuel de conchyliologie* de Woodward était considéré par tous les malacolo
gistes comme un petit chef-d'œuvre en son genre. MM. les professeurs Deshayes, Gervais
Gratiolet, etc., le recommandaient à tous ceux de leurs élèves qui lisaient l'anglais.
Nous avons pensé bien faire en offrant au public une édition française de cet excel
lent ouvrage.

BOTANIQUE

ANSBERQUE (Edme), vétérinaire au train des équipages militaires.
Flore fourragère de la France, reproduite par la méthode de compression dite phytoxygraphique. Lyon, 1866. 1 v. in-f. avec 270 pl. 40 fr.
—— **et CUSIN,** aide naturaliste au jardin botanique de la ville de Lyon.
Herbier de la flore française, publié sous le patronage du service
des parcs et jardins de la ville de Lyon par le procédé de reproduction dit
de phytoxygraphie. Lyon, 1867, tome Iᵉʳ, in-fol. avec 195 planches représentant les Renonculacées, les Berbéridées, les Nymphéacées, les Papavéracées, les Fumariacées. . . . . 30 fr.
Tome IIᵉ (1868). In-folio avec 235 planches représentent les Crucifères. 30 fr.
Tome IIIᵉ (1869). In-fo io avec 125 planches, comprenant les Capparidées,
les Cistacées, les Violacées, les Résédacées, les Polygalées, les Droséracées, les Frankéniacées. 30 fr.
Tome IVᵉ (1869). In-f. avec 206 pl., contenant les Silénées, les Alsinées. 30 fr.
Tome Vᵉ (1870). In-folio avec 163 planches, comprenant les Elatinées, les
Linées, les Tiliacées, les Malvacées, les Géraniées, les Hypéricinées, les
Acérinées, les Ampélidées, les Hyppocastanées, les Méliacées, les Balsaminées, les Oxalidées, les Zygophyllées, les Rutacées. . . . . . 30 fr.
Cet ouvrage, qui formera 25 volumes in-folio, sera publié en huit années. Il peut
servir d'illustration à la *Flore de France* de Grenier et Godron.

BAILLON (H.), professeur de botanique à la Faculté de médecine de Paris. **Botanique cryptogamique**. (Voy. Payer.)

—— **Programme du Cours d'histoire naturelle médicale**, professé à la Faculté de médecine de Paris. IIe partie, **Botanique médicale**. Paris, 1869. 1 vol. in-18 de 72 pages. . . . . 1 fr. 50

DULAC (Abbé J.). Flore du département des Hautes-Pyrénées. Paris, 1867. 1 vol. in-18 avec gravures dans le texte, . . 10 fr

DUPUY. Mémoires d'un botaniste, accompagnés de la Florule des stations du chemins de fer du Midi dans le Gers. Paris, 1868. 1 volume in-18, avec figures dans le texte. . . . . 3 fr. 50

FÉE, professeur à la Faculté de médecine de Strasbourg. **Flore de Théocrite et des autres bucoliques grecs.** Paris, 1832. In-8. 2 fr.

GENEVIER (Gaston), membre de la Société botanique de France. **Essai monographique sur les rubus du bassin de la Loire.** Angers, 1869. 1 vol. in-8 de 346 p. . . . . 6 fr.

Cet ouvrage, contenant la description de 203 espèces, dont plusieurs inédites, est accompagné d'une clef analytique pour en faciliter la détermination.

GRENIER et GODRON, doyen des Facultés des sciences de Besançon et de Nancy. **Flore de France**, ou description des plantes qui croissent naturellement en France. Paris, 1848-1856. 3 vol. in-8 de 800 p. . . 30 fr.

Une nouvelle Flore de France, disposée d'après la méthode naturelle, plus complète que les précédentes et mise au niveau des découvertes de la science moderne, était un besoin vivement senti. MM. Grenier et Godron, dont les travaux antérieurs sont une suffisante recommandation, ont entrepris de remplir cette tâche laborieuse. Profitant amplement des travaux des botanistes allemands, italiens et français, aidés des conseils bienveillants d'hommes qui font autorité dans la science, entourés de matériaux considérables amassés depuis longues années et qui se sont accrus de tous ceux qui ont été mis généreusement à leur disposition, ils espèrent pouvoir offrir au public un livre utile, fruit de leurs travaux persévérants et consciencieux.

GRENIER, doyen de la Faculté des sciences de Besançon. **Flore jurassique.** Paris, 1865. 2 vol. in-8 de 1,000 pages. . . . . 11 fr.

JORDAN (Alexis). Diagnoses d'espèces nouvelles et méconnues pour servir de matériaux à une Flore réformée de la France et des contrées voisines. Tome I, Ire partie. Paris, 1864. Gr. in-8 de 356 p. 9 fr. 50

—— **et FOURREAU (Julio). Breviarium plantarum novarum** sive specierum in horti plerumque cultura recognitarum descriptio contracta, ulterius amplianda. Fasciculus 1. Parisiis, 1866. In-8 de 60 p. 3 fr. Fasciculus II. Parisiis, 1868. In-8 de 137 p. . . . . 8 fr.

—— **Icones ad floram Europæ**, novo fundamento instaurandam, spectantes.

Cet ouvrage se publie en 5 volumes de chacun 40 fascicules in-folio de 5 pl. gravées et coloriées avec soin et texte. Il comprendra environ 1,000 pl. Depuis le mois de novembre 1866, il paraît deux fascicules par mois. Prix de chacun. . 9 fr.
En vente les fascicules 1 à 40 formant le tome Ier. Prix. . . . . 360 fr.
En vente les fascicules 41 à 52 (tome II). . . . . 108 fr.
Ouvrage honoré de souscriptions du Ministère de l'instruction publique.

KLEINHANS (R.). Album des mousses des environs de Paris. Paris, 1863-1869. 1 vol. in-folio cartonné en toile, avec 30 planches lithographiées représentant 270 figures et un texte explicatif. . . . 25 fr.

LAGASCA (M.). Genera et species plantarum, quæ aut novæ sunt, aut nondum recte cognoscuntur. Matriti, 1816. In-4 de 35 p. et 2 pl. . . 1 fr.

MANOURY (Ch.). Etude sur les diatomacées. Paris, 1870. In-4 de 60 pages et 2 planches. 4 fr. 50

NOUVEAUX ÉLÉMENTS D'HISTOIRE NATURELLE, à l'usage des lycées, des candidats au baccalauréat ès sciences, etc., par M. E. Lambert. 3 vol. in-18 avec 440 gravures dans le texte. . . . . 7 fr. 50

—— **Géologie**. 2e édition. Paris, 1867. 1 vol. in-18 de 240 pages, avec 242 gravures dans le texte.

—— **Botanique**. Paris, 1864. 1 vol. in-18 avec 202 gravures dans le texte.
—— **Zoologie**. Paris, 1865. 1 vol. in-8 avec 100 gravures dans le texte.
Chaque volume se vend séparément. . . . . 2 fr. 50

Nous avons fait précéder chacun des trois volumes de l'histoire abrégée de la science qu'il traite. N'est-il pas naturel, en effet, en étudiant une science, de chercher à connaître son origine, ses progrès ou le développement de l'esprit humain ? Nous pensons que l'on nous saura gré de cette innovation.

Plus de quatre cents figures enrichissent ces trois volumes, imprimés sur beau papier ; nous n'avons rien négligé pour que l'exécution matérielle soit irréprochable.

PARLATORE (Ph.). Plantæ novæ vel minus notæ opusculis diversis olim descriptæ. Parisiis, 1842. In-8 de 87 p. . . . 50 c.

PAYER (J.-B.), membre de l'Institut. **Botanique cryptogamique,** ou histoire naturelle des familles de plantes inférieures. 2e édition, revue et augmentée de notes par Baillon, professeur de botanique à la Faculté de médec. de Paris. Paris, 1868. 1 v. gr. in-8, avec 1110 fig. dans le texte. 15 fr.

Avant la publication du livre que nous annonçons, on était fort embarrassé pour commencer l'étude de la cryptogamie. On trouvait bien quelques mémoires sur les algues, les champignons, les mousses, les lichens, etc.; mais comment supposer qu'un élève puisse lire avec fruit ces différents travaux, les apprécier, en extraire ce qu'il lui est utile de savoir et laisser le reste de côté, en un mot n'attacher à chaque chose que son importance réelle dans l'ensemble des découvertes de la science? comment ne pas craindre qu'il ne s'égare au milieu de ces détails dans lesquels se complaît parfois l'auteur d'un mémoire spécial, et que, découragé dès l'abord, il n'abandonne pour toujours l'étude d'une science cependant si attrayante? Non, il faut un guide à tout homme qui entre dans une voie nouvelle; il lui faut un ouvrage qui recueille toutes ces richesses scientifiques disséminées dans tous ces mémoires et les coordonne de façon à faire ressortir tout ce qui est saillant : tel est le but que l'auteur de la *Botanique cryptogamique* s'était proposé. Disons tout de suite qu'il l'a complétement atteint. Le suffrage du public lui a répondu, et son livre est devenu classique. Epuisé au bout de quelques années, il était devenu fort rare et se vendait très-cher dans les ventes publiques.

M. Baillon, professeur de botanique à la Faculté de médecine de Paris, a bien voulu se charger de répondre au vœu du public, en publiant une nouvelle édition augmentée de notes, et mise au courant des progrès de la science. Plus de onze cents figures, intercalées dans le texte, en facilitent l'intelligence.

PERREYMOND. Plantes phanérogames qui croissent aux environs de Fréjus, avec leur habitat et l'époque de leur floraison. Paris, 1833. In-8 de 92 pages. . . . . 1 fr.

RICHARD (Achille) et MARTINS (Charles). Nouveaux Éléments de botanique contenant l'organographie, l'anatomie et la physiologie végétales, les caractères de toutes les familles naturelles, par Achille Richard, 10e édit., augmentée de notes additionnelles par Charles Martins, professeur de botanique à la Faculté de médecine de Montpellier, directeur du Jardin des plantes de la même ville, correspondant de l'Institut de France et de l'Académie de médecine de Paris; et pour la partie cryptogamique, par J. de Seynes, professeur agrégé à la Faculté de médecine de Paris. Paris, 1870. 1 vol petit in-8 avec 500 fig. dans le texte. . . 6 fr.

Peu d'ouvrages classiques ont eu la fortune des *Éléments de botanique* de Richard, mais la fortune en ce cas n'a pas été aveugle; et la faveur dont jouit ce livre dans les générations d'étudiants qui se succèdent depuis trente ans se justifie par l'ingéniosité de sa méthode, la lucidité de son exposition et l'attrait de son style. Aucun écrivain n'a exposé la botanique avec cette simplicité qui caractérisait son enseignement oral.

Le lecteur s'assurera en parcourant ce livre de l'importance des additions dont le professeur Martins a enrichi cette édition nouvelle. Il s'est évidemment proposé de remplacer Richard, et ce but, il l'a complétement atteint. Parmi les articles additionnels, nous indiquerons les méats intercellulaires, les vaisseaux du latex, la structure du bois, la respiration végétale, la formation de l'embryon, la parthénogénèse, la fécondation entre espèces différentes et la géographie botanique. En ce qui concerne les familles, le professeur Martins. laissant intacte cette partie de l'ouvrage de Richard, s'est contenté d'y ajouter la liste des familles rangées suivant la méthode de de Candolle. Il justifie cette addition par l'extrême facilité que cette classification offre aux commençants. La partie cryptogamique a été complétement remaniée.

Cette dernière édition, avec les compléments dont l'ont enrichie les professeurs Martins et de Seyne est le tableau extrêmement fidèle de l'état de la science botanique.

SCHACHT (H). Le microscope et son application spéciale à l'étude de l'anatomie végétale, traduit de l'allemand sur la troisième édition, par Paul Dalimler. Paris, 1865. 1 vol. in-8 avec 110 fig. dans le texte et 2 pl.   8 fr.

WAGNER (H.). Phanerogamen Herbarium. Bielefield, 1858. Petit in-folio, de 8 livraisons, contenues dans un carton en toile anglaise renfermant 200 échantillons collés et étiquetés avec soin. . . . . 20 fr.
Liv. I, Ranunculaceen, Cruciferen. — II, Cruciferen, Lineen. — III, Lineen Papilionaceen. — IV. Papilionaceen-Grossuiarieen. — V. Saxifrageen Stellaten. — VI. Rubiaceen-Oleineen. — VII. Asclepiadeen-Primulaceen. — VIII. Oleraceæ Liliaceæ.

Gras Herbarium. Bielefield. Petit in-folio de 8 livraisons contenues dans un carton en toile anglaise renfermant 200 échantillons collés et étiquetés avec soin. . . . . 20 fr.
Liv. I à III, Juncaceen. — IV, V. — Cyperaceen. — VI, VIII, Gramineceæ.

—— **Herbarium medicinalis.** Bielefield, 1861. Petit in-folio de 4 livraisons contenues dans un carton en toile anglaise formant 100 échantillons collés et étiquetés avec soin. . . . . 10 fr.

WALPERS (G. G.). Repertorium botanices systematicæ. Lipsiæ, 1842-1848. 6 vol. in-8. . . . . 140 fr.
—— **Annales botanices systematicæ,** Synopsis plantarum phanerogamicarum novarum omnium (continuation de Walpers par Karl Müller). Lipsiæ, 1848-1868. 7 vol. in-8. . . . . 180 fr

ZOOLOGIE

BAILLON (H.), professeur de botanique à la Faculté de médecine de Paris. **Programme du cours d'histoire naturelle médicale,** professé à la Faculté de médecine de Paris. Ire partie. **Zoologie médicale.** Paris, 1868. 1 vol. in-18 de 72 pages.. . . . . 1 fr. 25

BOURGUIGNAT (S.-R.). Malacologie de la Grande-Chartreuse. Paris, 1864. 1 beau vol. grand in-8, avec 9 pl. de vues pittoresques, 8 pl. de moll. en double, noir et color . . . . 50 fr.

—— **Mollusques nouveaux litigieux ou peu connus,** publié par fascicules, in-8 de 24 pages avec 4 pl. Prix de chaque fascicule contenant chacun dix espèces (décades). . . . . 4 fr.
Dix décades forment une centurie ou un volume.
En vente le premier volume contenant 325 p. et 45 pl. (Fascic. I à X).   40 fr.

—— **Monographie du nouveau genre Moitessieria.** Paris, 1863. 1 vol. in-8, avec 2 planches. . . . . 4 fr.
Ce mémoire renferme la description de ce nouveau genre et les diagnoses de trois espèces nouvelles.

—— **Monographie du nouveau genre français Paladilha.** Paris, 1865, grand in-8 de 16 p. avec pl . . . . 4 fr.
—— **Malacologie d'Aix-les-Bains.** Paris, 1864. 1 v. in-8 av. 3 pl.   10 fr.
Toutes les publications de M. Bourguignat sont imprimées à 100 exemplaires.

CHAPUIS (F.). Le pigeon voyageur belge. Verviers, 1865. 1 vol. in-18 . . . . 2 fr.
—— **De son instinct d'orientation** et des moyens de le perfectionner Verviers, 1868. In-8 de 42 p. . . . . 1 fr.

COMTE (Achille). Introduction à toutes les zoologies. Paris, 1835. In-4 avec 150 fig. dans le texte. (2 fr. 50). . . . . 75 c

DUPUY (D.). Histoire des mollusques terrestres et d'eau douce qui vivent en France. Paris, 1848-1851. 6 fascicules in-4° avec 36 pl.   60 fr.

LEFÈVRE. De la chasse et de la préparation des papillons. Paris, 1863. In-8 avec pl. . . . . 1 fr. 25

LEMAIRE. De la chasse et de la préparation des oiseaux.
Paris, 1863. In-8 avec pl. . . . . 1 fr. 25

LUCAS (H.), aide-naturaliste au Muséum d'histoire naturelle. **Histoire naturelle des lépidoptères d'Europe,** suivie des instructions sur la chasse, la préparation. la conservation des papillons, et sur la manière de choisir et d'élever les chenilles. 2e édition revue et mise au courant de la science. Paris, 1864. 1 beau vol. grand in-8, cartonné en toile anglaise, non rogné avec 80 planches coloriées représentant plus de 400 sujets.   25 fr.
— Le même ouvrage, demi-rel. chagrin, non rogné.. . . . . . . 30 fr.

Dans cette 2e édition, la classification ayant été mise au courant de la science, nous avons changé la lettre et les légendes de toutes les planches pour les mettre en harmonie avec le texte réimprimé et augmenté.

—— **Histoire naturelle des lépidoptères exotiques.** Paris, 1864. 1 beau vol. gr. in-8, cartonné en toile anglaise, non rogné, avec 80 pl. coloriées, représentant près de 400 sujets. . . . . 25 fr.
—— Le même ouvrage, demi-rel. chagrin, non rogné. . . . . . . 30 fr.
Voy. Prévost (Florent).

—— **Des papillons.** Vade-mecum du lépidoptérologiste, contenant l'histoire naturelle des insectes qui composent l'ordre des lépidoptères, leurs mœurs, la manière d'en faire la chasse, de les élever et de les conserver dans les collections. Paris, 1838. In-8 de 182 pages avec 5 planches coloriées. . . . . 2 fr. 50

MARCHAND (Léon), professeur agrégé à l'École de pharmacie. **De la reproduction des animaux infusoires.** Étude médico-zoologique. Paris, 1869. In-8 de 90 p. et 2 pl. . . . . 3 fr.

MULSANT (E.), professeur d'histoire naturelle au lycée impérial de Lyon.
—— **Histoire naturelle des coléoptères de France.**
——   **Térédiles.** Paris, 1864. 1 vol. in-8 avec 10 pl. . . 14 »
——   **Vésiculifères.** Paris, 1867. 1 vol. in-8 avec 7 pl.   11 »
——   **Scuticolles.** Paris, 1867. 1 vol. in-8 avec 2 pl.   6 »
—— **Monographie des coccinellides.** Première partie : **Coccinelliens.** Paris, 1866. 1 vol. gr. in-8 de 300 pages. . . . . 8 fr.
—— et **VERREAUX (J. E.). Essai d'une classification méthodique des trochilidées ou oiseaux-mouches.** Paris, 1867. 1 vol. in-8. . . . . 2 fr. 50

NOUVEAUX ÉLÉMENTS D'HISTOIRE NATURELLE, à l'usage des lycées, des candidats au baccalauréat ès sciences, etc., par M. E. Lambert. 3 vol. in-18 avec 440 gr. dans le texte. . . . . 7 fr. 50
—— **Géologie.** 2e édition. Paris, 1867. 1 v. in-18 de 240 p. avec 142 grav. dans le texte.
—— **Botanique.** Paris, 1864. 1 vol. in-18 avec 202 gravures dans le texte.
—— **Zoologie.** Paris, 1865. 1 vol. in-8 avec 100 gravures dans le texte.
Chaque volume se vend séparément. . . . . 2 fr 50

Ces 3 Nouveaux Éléments d'histoire naturelle ont été rédigés dans le but d'offrir aux jeunes gens un cours clair et méthodique, pouvant leur servir de préparation immédiate aux examens du baccalauréat ès sciences et aux écoles du gouvernement.
Plus de six cents figures enrichissent ces trois volumes, qui sont imprimés sur beau papier; c'est assez dire que nous n'avons rien négligé pour que l'exécution matérielle soit irréprochable.
Nous avons fait précéder chacun des trois volumes de l'histoire abrégée de la science qu'il traite. N'est-il pas naturel, en effet, en étudiant une science, de chercher à connaître son origine, ses progrès ou le développement de l'esprit humain? Nous pensons que l'on nous saura gré de cette innovation.

PRÉVOST (Florent), aide-naturaliste de zoologie au Muséum d'histoire naturelle, et **C. LEMAIRE**, docteur en médecine. **Histoire naturelle des oiseaux d'Europe**. Paris, 1864. 1 beau vol. gr. in-8, cartonné en toile anglaise, non rogné, avec 80 planches gravées en taille-douce et coloriées avec soin, représentant 200 sujets . . . . 25 fr.

— LE MÊME OUVRAGE, demi-reliure chagrin, non rogné. . . . . . 30 fr.

— **Histoire naturelle des oiseaux exotiques**. Paris, 1864. 1 beau vol. gr. in-8, cartonné en toile anglaise, avec 80 pl. gr. en taille-douce et col. avec soin, représentant 200 sujets. . . . . 25 fr.

— LE MÊME OUVRAGE, demi-reliure chagrin, non rogné. . . . . . 30 fr

Il n'est rien de plus attrayant, pour les personnes qui ont le goût de l'histoire naturelle, que l'étude des oiseaux et des papillons. Les quatre volumes que nous annonçons (H. Lucas, Florent Prévost et Lemaire) se recommandent aux gens du monde par la netteté des descriptions et la clarté du classement des espèces. Les noms des auteurs sont en outre une garantie de leur valeur scientifique. Le coloris des planches, gravées en taille-douce avec le plus grand soin, a été exécuté d'après les aquarelles des voyageurs et des artistes les plus distingués.

Un traité pour l'empaillage et la chasse des oiseaux, ainsi que pour la préparation et la conservation des papillons et des insectes, accompagne chaque traité.

Voy. LUCAS.

PRÉVOST (F.). **Des animaux d'appartements et de jardins :** oiseaux, poissons, chiens, chats. Troisième mille. 1 vol. in-32 de 192 pages, avec 46 gr. dans le texte. . . . . 1 fr. »

LE MÊME OUVRAGE, figures coloriées. . . . . 2 fr. 50

La Société protectrice des animaux a décerné à ce volume une mention honorable.

PETIT DE LA SAUSSAYE. Catalogue des mollusques testacés des mers d'Europe. Paris, 1869. 1 vol. grand in-8. . . . 7 fr. 50

APPEY (Ch.-C.), professeur d'anatomie à la Faculté de médecine de Paris. **Recherches sur l'appareil respiratoire des oiseaux**. Paris, 1847. 1 vol. in-4 de 100 pages avec 4 planches. (9). . . . 1 fr. 50

ICHEL. Études hyménoptérologiques. 1ᵉʳ fascicule, avec 2 pl. coloriées. . . . . 5 fr.

— **et SAUSSURE (H. de). Catalogus specierum generis scolia** (sensu latiori), continens specierum diagnoses, descriptiones synonymiamque, etc. Paris, 1864, 1 vol. in 8, avec 2 planches coloriées. . 8 fr.

— **Considérations pratiques** sur la fixation des limites entre l'espèce et la variété. Bone, 1868, in-8 de 25 p. . . . . 1 fr. 50

WOODWARD, A. L. S Manuel de conchyliologie ou histoire naturelle des mollusques vivants et fossiles, par le docteur S. P. Woodward, A. L. S, ancien aide paléontologiste au British Museum, augmenté d'un appendice, par Ralph Tate, A. L. S., F. G. S. Traduit de l'anglais sur la 2ᵉ édition, par Aloïs Humbert. 1 vol. petit in-8 cartonné en toile anglaise, non rogné, de 670 pages, avec 25 planches contenant 579 figures et 297 gravures dans le texte. . . . . 14 fr.

Il n'existait jusqu'à présent, en France, pour ceux qui se livrent à l'étude des mollusques, que des compilations sans aucune valeur scientifique. Il manquait un livre offrant les garanties que peuvent seules donner des études spéciales.

Le *Manuel de conchyliologie* de Woodward était considéré par tous les malacologistes comme un petit chef d'œuvre en son genre. MM. les professeurs Deshayes, Gervais, Gratiolet, etc., le recommandaient à tous ceux de leurs élèves qui lisaient l'anglais.

Nous avons pensé bien faire en offrant au public une édition française de cet excellent ouvrage.

AGRICULTURE — HORTICULTURE — ÉCONOMIE RURALE
ART VÉTÉRINAIRE

BRUNO (E.-J.). Manuel d'agriculture, par demandes et par réponses, à l'usage des écoles primaires et des propriétaires ruraux. 3ᵉ édition. Paris, 1844. In-32 de 108 pages. . . . . **40 c.**

CARRIÉ (Abbé). Hydroscopographie et métalloscopographie, ou art de découvrir les eaux souterraines et les gisements métallifères au moyen de l'électro-magnétisme. 1863. 1 vol. in-8° . . . . **5 fr.**

CLÉMENT. Manuel forestier. 1 vol. in-18. . . . . **30 c.**

COURTOIS-GÉRARD. De la culture des fleurs dans les petits jardins, sur les fenêtres et dans les appartements. Onzième mille. 1 vol. in-32 de 192 pages, avec 15 gravures. . . . . **1 fr.**
La Société centrale d'horticulture a décerné une médaille à cet ouvrage.

—— **De la culture maraîchère** dans les petits jardins, publié sous le patronage de la Société impériale et centrale d'horticulture. Dixième mille. 1 vol. in-32 de 192 p., avec 15 grav. . . . . **1 fr.**
La Société impériale et centrale d'horticulture a décerné une médaille de vermeil à cet ouvrage, et il a été honoré d'une souscription du ministre de l'agriculture.

GROGNIER. Cours de zoologie vétérinaire. In-8. . . . . . **3 fr.**

GROMIER (E.). Examen critique des idées nouvelles de M. G. Ville sur les engrais chimiques. Paris, 1868. Grand in-8. . . . . **2 fr.**

INSTRUMENTS D'AGRICULTURE (Les) à l'Exposition universelle de Londres. 1 vol. in-18. . . . . **55 c.**

KOLTZ (J.-P.-J.), agent des eaux et forêts. **Traitement du chêne** en taillis à écorces. 1859. 1 vol. in-18, avec 30 gravures. . . . . . **75 c.**

LADREY, professeur à la Faculté des sciences de Dijon. **Art de faire le vin.** 2ᵉ édition. Paris, 1865. 1 vol. in-18. . . . . **3 fr.**

SOMMAIRE DES CHAPITRES DE LA TABLE DES MATIÈRES

Caractères généraux de la fermentation : I. Fermentation alcoolique. — II. Fermentation du moût de raisin. — III. Etude des substances produites pendant la fermentation. — IV. Préparation du vin, division et classification des opérations. — V. Vendange, récolte et triage du raisin. — VI. Foulage et égrappage. — VII. Disposition des cuves pendant la fermentation. — VIII. Hygiène des cuveries. — IX. Etat actuel de la chimie du vin. — X. Durée de la fermentation, décuvage, pressurage. — XI. Mise en tonneau, remplissage. — XII. Soutirage. — XIII. Collage. — XIV. Soufrage. — XV. Mise en bouteilles. — XVI. Vinification. — XVII. Modifications apportées à la marche de la vinification dans certaines circonstances.

LAUJOULET, professeur d'arboriculture. **Taille et culture des arbres fruitiers.** Paris, 1865. 1 vol. in-18 avec pl. . . . . **4 fr.**
Ce livre a été accueilli avec la plus grande faveur par les principaux organes de la presse parisienne. (*Moniteur universel*, avril 1865. — *Presse*, — *Patrie*, — *Journal de la ferme*, etc.)

—— **Taille et culture de la vigne.** Conduite perfectionnée du vignoble et de la treille, à l'usage des écoles normales primaires, des écoles communales, des instituteurs, propriétaires et vignerons. Paris, 1866. 1 vol. in-18 avec figures dans le texte. . . . . **2 fr. 50**

MARÈS (H.), membre correspondant de l'Institut. **Manuel pour le soufrage des vignes malades.** Emploi du soufre, ses effets. 3ᵉ édition, avec figures, augmentée d'un chapitre sur les soufres. Montpellier, 1857. In-18. . . . . **1 fr.**

ODEPH (A.). Traité complet de la culture de l'opium indigène, précédé de la possibilité pratique de l'obtenir en France, suivi de la fabrication de l'huile d'œillette. 1865. In-18. . . . . 2 fr.

PEERS (Baron E.). De la culture perfectionnée du froment, traduit de l'anglais sur la 14ᵉ édition. 1856. 1 vol. in-18. . . . . 40 c.

REY (A.), professeur de jurisprudence, de clinique et de maréchalerie à l'École impériale vétérinaire de Lyon. **Traité de jurisprudence vétérinaire**, contenant la législation sur les vices rédhibitoires et la garantie dans les ventes d'animaux domestiques, suivi d'un **Traité de médecine légale** sur les blessures et les accidents qui peuvent survenir en chemin de fer. Paris, 1865. 1 vol. in-8 de 600 p. . . . . 7 fr. 50

—— **Traité de maréchalerie vétérinaire**, comprenant l'étude de la ferrure du cheval et des autres animaux domestiques, sous le rapport des défauts d'aplomb, des défectuosités et des maladies du pied. 2ᵉ édition, augmentée. Paris, 1865. 1 vol. in-8, avec 174 fig. dans le texte.. . 9 fr.

SAINT-CYR, professeur à l'École vétérinaire de Lyon. **Recherches anatomiques, physiologiques et cliniques, sur la pleurésie du cheval.** Paris, 1860. 1 vol. in-12. . . . . 2 fr. 50

SCHNEYDER (J.). De la culture de la vigne et des arbres fruitiers chez les Romains, traduit de l'allemand par le docteur Manhane. Dijon, 1869. In-8 de 57 pages. . . . . 2 fr. 50

STENFORT (F.), ancien sous-directeur de l'École normale primaire de Rennes, ancien notaire. **Des conditions des baux ruraux.** Entretiens entre un propriétaire et son fermier sur la pratique de l'agriculture Lectures à l'usage des écoles primaires rurales et des écoles normales. Paris, 1869. 1 vol. in-18 avec 24 gravures dans le texte. . . . 1 fr. 25

Ce petit ouvrage a obtenu de la Société d'agriculture de Brest une médaille d'argent et de bronze pour la formule du bail, de la Société d'agriculture de l'Ain une mention très-honorable.

Les Sociétés d'agriculture pourront donner en prime dans leur concours ce petit Code des conventions entre propriétaires et fermiers.

Le plus grand nombre des questions posées par le nouveau programme de l'enseignement agricole pour les écoles primaires rurales et les écoles normales, se trouvent agitées entre le propriétaire et le fermier.La table alphabétique peut servir de questionnaire après la lecture des entretiens dans les écoles.

TISSERANT (E.), professeur à l'École vétérinaire de Lyon. **Guide des propriétaires et des cultivateurs** dans le choix, l'entretien et la multiplication des vaches laitières. 2ᵉ édition. Paris, 1861. 1 vol. in-12, avec gravures. . . . . 4 fr.

VAN DEN BROEK (Victor). Catéchisme agricole. Notions très-élémentaires des sciences naturelles considérées dans leurs rapports avec l'agriculture; ouvrage spécialement destiné aux écoles rurales. 1855, 1 vol. in-18.. . . . . 75 c.

VIN SANS RAISIN (Le), ou manière de fabriquer soi-même toute espèce de vins et boissons économiques à l'usage des ménages depuis 3 centimes le litre. 2ᵉ édition, 1856. 1 vol. in-18. . . . . 1 fr.

ARTS INDUSTRIELS — LITTÉRATURE SCIENTIFIQUE

BONNET. Influence des lettres et des sciences sur l'éducation. Lyon, 1855. In-8 de 52 p. . . . . 1 fr.

— **De l'oisiveté de la jeunesse dans les classes riches.** Lyon, 1858. In-8 de 48 pages. . . . . 1 fr.

CHEVALIER. L'immense trésor des sciences et des arts, ou les secrets de l'industrie dévoilés, contenant 840 recettes et procédés nouveaux inédits. 11e édition, 1863. 1 vol in-8°. . . . . 5 fr.

DOLLFUS-AUSSET, manufacturier à Mulhouse, ancien préparateur de M. Chevreul. **Matériaux pour la coloration des étoffes.** Paris, 1865. 2 vol. grand in-8. . . . . 20 fr.

GANTILLON (C.-E.). Traité complet sur la fabrication des étoffes de soie. Paris, 1859. 1 vol. in-4 (10). . . . . 6 fr.

GRELLOIS, médecin principal de 1re classe, etc. **Météorologie religieuse et mystique.** 1 vol. in-8. . . . . 5 fr.

PARVILLE (Henri de). Découvertes et inventions modernes. Poudre à tirer. — Pyrotechnie. — Machines à vapeur. — Bateaux à vapeur. — Chemins de fer. — Télégraphie électrique. Paris, 1866. 1 vol. in-18 avec 160 gravures dans le texte. . . . . 3 fr. 50

—— **Causeries scientifiques,** découvertes et inventions, progrès de la science et de l'industrie. Première année 1861. 1 vol. in-18 avec 22 gravures dans le texte. . . . . 3 fr. 50

Télégraphie transatlantique. — Les eaux de Paris. — Construction du nouvel Opéra. — Eclairage et ventilation des théâtres. — Moteur Lenoir. — Gaz Chandor. — Concile de juin 1861. — Fabrication industrielle de la glace. — Câble sous-marin de la Méditerranée. — Recherches de M. Fremy sur l'acier. — Puits artésien de Passy. — Canot inchavirable de M. Mouë. — Analyse spectrale. — Travaux de MM. Bunsen et Kirchhoff. — Construction du pont de Kehl. — Chauffage des wagons, etc., etc.

—— **Deuxième année,** 1862. 1 vol. in-18 avec 30 gravures et un spectre solaire colorié.

Ce volume ne se vend qu'avec la collection des six années des Causeries.

Structure de la terre. — Photographie microscopique. — Vaisseaux cuirassés. — La lune rousse. — Chemin de fer hydraulique glissant. — Nœud vital. — Exposition de Londres. — Analyse spectrale. — Le stéréoscope. — Dernières études de M. Fremy. — Les aciers français. — Le mal de mer. — Tunnel des Alpes. — Vitesse de la lumière. — Les comètes de 1862. — Pierres précieuses artificielles, etc., etc.

—— **Troisième année,** 1863. 1 vol. in-18 jésus, avec 38 grav.   3 fr. 50

Alimentation publique. — Physique attrayante. — Les spectres. — Fantasmagorie. — L'homme fossile. — Transmission électrique des sons. — Les comètes de 1863. — Photo-sculpture. — Pantélégraphe Caselli. — Agrandissements photographiques. — Succédanés du coton. — L'aérothérapie. — Piqûres de mouche. — Direction des ballons. — Aéro-nef. — Ballons chemins de fer. — Nouveaux procédés de gravure Dulos. — Eclairage. — Les huiles de pétrole. — Production artificielle des perles fines. — Au bord de la mer. — Marées. — Mascaret. — Prédiction du temps, etc., etc.

—— **Quatrième année**, 1864. 1 vol. in-18 jésus avec 34 grav.   3 fr. 50

Science et poésie. — Histoire d'une goutte d'eau. — Transfusion du sang. — La dialyse à propos du procès La Pommerais. — Mouches à feu. — Chemin de fer laminoir. — Trains de plaisir aériens. — La vérité sur l'aviation et le plus lourd que l'air. — Association scientifique. — Bateau plongeur. — L'électricité chirurgien. — La grippe. — Jecture des nerfs. — Transformation de l'homme. — Machine à faire les cartes de visite. — Sommeil léthargique. — Inhalation de l'oxygène. — Serre frein électrique Achard. — Virus vaccin. — Discussion sur les générations spontanées. — Enseignement libre. — Physiologie végétale. — Conférences de la Sorbonne. — Locomotive électro-magnétique. — Montage hydraulique des matériaux de construction. — Les eaux de Marly et de Versailles, etc.

—— **Cinquième année**, 1865. 1 vol. in-18 jésus avec 22 grav.   3 fr. 50

Dans le soleil. — Les merveilles du monde végétal. — La lumière au magnésium. — Poissons Tyndall. — Le rhume de cerveau. — Nouvelle machine électrique de Holz. — — L'absinthe. — Le choléra en 1865. — Discussions académiques. — Bateaux. — Chars. — Chemins de fer du mont Cenis. — Le nitro-glycérine. — Poudre à canon explosive ou inexplosive à volonté. — Pluralité des mondes. — A travers l'espace. — Le gaz aux pommes. — Les mines d'or et d'argent de la Californie. — Conservation des vins. — Plongeur Rouquayrol. — Maladie des vers à soie. — Bouées électriques. — Photographies vitrifiées. — Les bains. — Assainissement de l'air. — Ovariotomie. — Hygiène, etc., etc.

—— **Sixième année**, 1866. 1 vol. in-18 jésus avec 47 grav.   3 fr. 50

Le câble transatlantique. — L'éruption de Santorin. — Les fusils à aiguille. — Les trichines. — Le palais de l'Exposition universelle. — Les étoiles périodiques. — Conférences sous le patronage de l'Impératrice. — Tremblement de terre. — La gaieté en bouteilles. — Rupture des essieux de chemins de fer. — Pluie d'étoiles filantes. — Sur le ballast. — L'invasion des sauterelles. — Un nouveau monde. — La pieuvre. — Curiosités de l'année. — Nivellement sans instruments. — Plus d'aveugles. — Les nouveau-nés. — Antiseptique végétal. — Maladie des vers à soie. — Les phares électriques. — Nouvelles substances explosibles, etc., etc.

PASSOT (Ph.). Leçons d'un instituteur, pour disposer les enfants aux bons traitements envers les animaux. Paris, 1862. 1 vol. in-32 de 192 pages. . . . . 1 fr.

SERAINE (L.). Les préceptes du mariage, suivis d'un essai sur l'idéal de l'amour, du mariage et de la famille. Cinquième mille. 1 volume in-32 de 192 pages. . . . . 1 fr.

Le même ouvrage, papier vergé, tiré à petit nombre. . . . . 3 fr.

Petit ouvrage plein de charme et de la plus haute moralité. Il devrait se trouver dans toutes les corbeilles de mariage.

WALKHOFF (L.), fabricant de sucre à Kiew. **Traité complet de fabrication et raffinage du sucre de betteraves**, à l'usage des fabricants de sucre, directeurs de sucrerie, contre-maîtres, mécaniciens, ingénieurs, constructeurs d'appareils pour sucrerie, cultivateurs chimistes, etc. 4e édition originale française, publiée sur la 5e édition allemande, par les soins de M. Méruot, ancien élève de l'École polytechnique, ingénieur des manufactures de l'État. Paris 1870, 2 vol. in-8, avec 200 grav. dans le texte. . . . . 50 fr.

Le peu d'ouvrages publiés sur le sucre de betteraves en France remonte déjà à une date éloignée et, malgré des qualités réelles, n'est plus à la hauteur d'une industrie sans cesse en progrès. Quelques autres ouvrages, écrits à des points de vue spéciaux, ne fournissent au fabricant que des données insuffisantes sur les questions du travail journalier de l'usine.

Pour quiconque s'est occupé de l'industrie du sucre, le nom seul de l'auteur est un sûr garant de la valeur de son œuvre. L'ouvrage de M. Walkhoff est considéré, en Allemagne, comme le traité le plus complet et le plus autorisé publié sur la fabrication. Trois éditions ont été épuisées en quelques années, et bien que la dernière ne date que de deux ans, une nouvelle édition est devenue nécessaire.

PUBLICATIONS PÉRIODIQUES

ADANSONIA. Recueil périodique d'observations botaniques, rédigé par H. Baillon, professeur d'histoire naturelle à la Faculté de médecine de Paris, publié mensuellement par livraisons gr. in-8 avec planches gravées.

Prix de l'abonnement au tome IX. . . . . 15 fr. »

Prix des tomes I à V réunis, au lieu de 75 fr. . . . . . . 62 fr. 50

Prix des tomes VI, VII, VIII, chacun. . . . . 15 fr. »

BULLETIN DE LA SOCIÉTÉ GÉOLOGIQUE DE FRANCE.

Première série, 14 volumes in-8, avec planches. — Deuxième série, 26 vol. in-8, avec planches. Les deux séries. (1200). . . . . 450 fr.

L'année 1870, correspondant au tome XXVII. Prix de l'abonnement. 30 fr.

BULLETIN DE LA SOCIÉTÉ LINNÉENNE DE NORMANDIE, publié depuis 1855. 12 volumes in-8, avec planches. . . . . 54 fr.

BULLETIN DE LA SOCIÉTÉ PHILOMATHIQUE DE PARIS.

Se publie par cahiers trimestriels in-8, depuis le mois de mai 1864. Prix de l'abonnement.. . . . . 5 fr.

GAZETTE DES EAUX. Revue hebdomadaire des eaux minérales, des bains de mer et de l'hydrothérapie, publié le jeudi depuis le premier mai 1859, par M. Germond de Lavigne.

Pour la France, prix de l'abonnement, un an. . . . . . . 15 fr.

— 6 mois. . . . . 9 fr.

Pour l'étranger suivant les tarifs.

Prix de la collection, 12 volumes grand in-4. Tomes II à XII, le premier est épuisé. . . . . 80 fr.

JOURNAL DE CONCHYLIOLOGIE, comprenant l'étude des mollusques vivants et fossiles, publié trimestriellement sous la direction de MM. Crosse et P. Fischer. Prix de l'abonnement pour la France. . . . . . . 15 fr.

Pour l'étranger. . . . . 18 fr.

Pour les pays d'outre-mer. . . . . 20 fr.

Prix de la collection, 17 vol. in-8, avec pl. noires et coloriées. 238 fr.

MÉMOIRES DE LA SOCIÉTÉ GÉOLOGIQUE DE FRANCE.

Première série. 5 volumes en 10 parties, in-4, avec planches. . . 100 fr.

Deuxième série. 8 volumes en 18 parties, in-4, avec planches. . . 205 fr.

MÉMOIRES DE LA SOCIÉTÉ LINNÉENNE DE NORMANDIE, publié depuis 1824. 14 volumes in-4 avec planches. . . . . 250 fr.

Cette collection renferme de nombreux travaux de MM. Eudes et Eugène Deslongchamps, de Fromentel, etc.

PARIS. — IMP. SIMON RAÇON ET COMP., RUE D'ERFURTH, 1.

BOLLEY (A.), professeur de chimie industrielle, à l'Université de Zurich. **Manuel des essais et recherches chimiques appliquées à l'industrie et aux arts.** Traduit de l'allemand sur la troisième édition, par le docteur L. Gauthier. Paris, 1869. 1 v. in-18, avec 98 fig. dans le texte. 7 fr. 50

DESPLATS (V.) et GARIEL, professeurs agrégés à la Faculté de médecine de Paris. **Nouveaux éléments de physique médicale,** précédés d'une préface, par M. Gavarret, professeur à la Faculté de médecine de Paris. Paris, 1870. 1 vol. petit in-8 avec 502 figures dans le texte. 10 fr.

FREY (H.), professeur à l'Université de Zurich. **Traité d'histologie et d'histochimie,** traduit de l'allemand sur la 3° édition par le Dr P. Spillmann, avec des notes et un appendice sur la spectroscopie du sang, par M. Ranvier, préparateur du cours de médecine expérimentale au Collége de France. Paris, 1871. 1 fort volume in-8, avec 530 gravures dans le texte. 16 fr.

—— **Le Microscope, manuel à l'usage des étudiants,** traduit de l'allemand sur la 3° édition par le Dr P. Spillmann. Paris, 1867. 1 vol. in-18, avec 62 figures dans le texte et une note sur l'emploi des objectifs à correction et à immersion. 4 fr.

NAQUET (A.), professeur agrégé à la Faculté de médecine de Paris. **Principes de chimie** fondée sur les recherches modernes. 2° édit. revue et considérablement aug. Paris, 1867. 2 v. in-18, de 1,100 p. avec fig. dans le texte. 10 fr.

—— **Cours de chimie pratique,** d'après les théories modernes, à l'usage des médecins, pharmaciens, étudiants en médecine et en pharmacie, chimistes, par W. Odling. Traduit de l'anglais sur la 3° édition, par A. Naquet. Paris, 1869. 1 vol. in-18 avec 71 figures dans le texte. 4 fr. 50

NEUBAUER (D.), professeur de chimie et de pharmacie au laboratoire de chimie de Wiesbaden, et **VOGEL (D.),** directeur professeur de médecine à l'Institut pathologique de Halle. **De l'urine et des sédiments urinaires.** Propriétés et caractères chimiques et microscopiques des éléments normaux et anormaux de l'urine, analyse qualitative et quantitative de cette sécrétion descriptive et valeur séméiologique de ses altérations pathologiques, etc., précédé d'une introduction par R. Fresenius. Traduit de l'allemand sur la cinquième édition par le docteur L.-A. Gautier. Paris, 1870. 1 volume in-8, avec 4 planches coloriées et 31 figures dans le texte. 10 fr.

RICHARD (Achille), MARTINS (Charles) et SEYNES (Jules de). Nouveaux éléments de botanique contenant l'organographie, l'anatomie et la physiologie végétales, les caractères de toutes les familles naturelles, par Achille Richard. Dixième édition, augmentée de notes additionnelles par Charles Martins, professeur de botanique à la Faculté de médecine de Montpellier, directeur du Jardin des plantes de la même ville, correspondant de l'Institut de France et de l'Académie de médecine de Paris, et pour la partie cryptogamique par Jules de Seynes, professeur agrégé à la Faculté de médecine de Paris. Paris, 1870. 1 vol. petit in-8 de 700 p., avec 500 fig. dans le texte. 6 fr.

SECCHI, directeur de l'Observatoire de Rome. **L'Unité des forces physiques dans la nature.** Essai de philosophie naturelle. Édition française originale publiée sous les yeux de l'auteur par le docteur Deleschamps. Paris, 1869. 1 fort vol. in-18 de 700 pages, avec figures dans le texte. 7 fr. 50

TOURNIER (Émile). Nouveau Manuel de chimie simplifiée pratique et expérimentale sans laboratoire, manipulations, préparations, analyses contenant : 1° des ustensiles, appareils et procédés d'opérations des plus faciles ; 2° principes de la chimie, préparation, étude et usage des corps minéraux et organiques avec les noms anciens et nouveaux, expériences, procédés, recettes d'économie domestique et industrielle, etc. ; 3° précis d'analyse, essais, recherche des falsifications. Paris, 1867. 1 vol. in-18 avec 300 figures dans le texte. 2 fr. 50

WALKHOFF (L.) Traité complet de fabrication et raffinage du sucre de betteraves, à l'usage des fabricants de sucre, directeurs de sucreries, contre-maîtres mécaniciens, ingénieurs, constructeurs d'appareils pour sucrerie, cultivateurs, chimistes, etc. 4° édition originale française, publiée par les soins de M. Mérijot, ancien élève de l'École polytechnique, ingénieur des manufactures de l'État. Paris, 1870. 2 vol. in-8, avec 200 gravures dans le texte. 30 fr.